早该这样用
思维导图

任洁◎著

北京联合出版公司
Beijing United Publishing Co.,Ltd.

图书在版编目（CIP）数据

早该这样用思维导图 / 任洁著. — 北京：北京联合出版公司, 2021.5

ISBN 978-7-5596-4938-6

Ⅰ. ①早… Ⅱ. ①任… Ⅲ. ①思维方法－通俗读物 Ⅳ. ①B804-49

中国版本图书馆CIP数据核字（2021）第034675号

早该这样用思维导图

作　　者：任洁
出 品 人：赵红仕
选题策划：北京时代光华图书有限公司
责任编辑：郭佳佳
特约编辑：李淼淼
封面设计：新艺书文化
版式设计：王江风

北京联合出版公司出版
（北京市西城区德外大街 83 号楼 9 层　　　100088）
北京时代光华图书有限公司发行
天津市祥丰印务有限公司印刷　　新华书店经销
字数 145 千字　　787 毫米 ×1092 毫米　　1/16　　13.5 印张
2021 年 5 月第 1 版　　2021 年 5 月第 1 次印刷
ISBN 978-7-5596-4938-6
定价：58.00 元

推荐序一

管理学之父彼得·德鲁克曾说：学习是与时俱进的终身过程。

在21世纪第四次工业革命的浪潮下，人工智能、自动化等技术，深深影响着未来就业的条件与机会。因此，每一位职场人士除了具备处理日常事务的技能之外，更要有应对复杂挑战与多变环境的能力。唯有持续学习，才能拥有因应快速变迁社会所需的关键能力。

会使用思维导图，已经被超过2000家的跨国企业认为是员工核心素养之一，因为这是一项能够有效提升思考能力与学习能力的好方法。30年前，我偶然接触并学习了思维导图，这对我的工作及学习起了很大作用。因此，我于1997年前往英国博赞中心（Buzan Centre），向提出思维导图法的学者托尼·博赞（Tony Buzan，又译作东尼·博赞）学习，在取得资深讲师的资格回到台湾地区之后，即着手翻译出版博赞的图书与教材，并在海峡两岸展开思维导图的推广教学工作。与任洁老师一样，我带着推广和传播思维导图的热情，除了日常教学，还发表、出版与思维导图有关的论文及图书，以期能对思维导图爱好者，或想要应用它来提升工作绩效的职场人士有所帮助。

任何一种好方法都必须经过实践，方能淬炼出精华。本书作者任洁老师拥有十余年大型跨国企业培训经理、人力资源总监的经历，先后服务于戴尔、埃森哲等世界500强企业，是一位具备丰富实务经验的老师。最近三年来，她每年的授课量都超过150天，其主讲的思维导图课程深受参与培训的企业员工的肯定。

任洁老师以轻松活泼的方式将教学经验与心得撰写成书，以飨大众。本书从解决职场人士的痛点着手，指导读者如何掌握重点，避免穷忙、白忙，让工作更有效率；详细解说了如何强化逻辑与创新的思维，让我们的思维不但能够更加缜密，具有系统性，而且能兼具创意与创新；当然，她不忘以自己多年来在跨国企业的经验，毫不藏私地细说应用思维导图解决问题的方法，以及追求职场全方位成功的策略；最后，她还示范了绘制思维导图的技巧，并结合多幅思维导图作品加以点评、说明。

　　本书内容丰富且具有实用性，是一本值得每一位思维导图爱好者拥有的好书。因此，我在宝岛台湾以喜乐之心为文推荐之！

孙易新

台湾师范大学社会教育研究所　博士

浩域企业管理顾问股份有限公司　董事长

孙易新心智图法培训机构　创办人

英国博赞全球第一位华人认证讲师

推荐序二

和任洁老师的相遇是在思维导图发明人托尼·博赞老师的课堂上。我们因为共同的事业目标和对思维导图的热爱，成为托尼·博赞老师的学生，一起跟随博赞老师学习、研究思维导图，讨论其更好的应用之法。

在当今需要具备终身学习能力的时代，在变化比计划快的VUCA[①]时代，优化的思维成为看不见的竞争力。

思维导图，将思维可视化，把无形思维转换为有形图示，在思维可视中反观利弊、反思繁简、反刍正误，在可视思维中触发智慧、激发灵感、引发创意。思维导图是一种高效率的思维工具，源自想到并看到、看到并做到。因此，要想用好思维导图这一思维工具，除了学习正确的绘制方法，更重要的是掌握有效的应用法门。

任洁老师是职场思维导图领域的佼佼者，多年奋斗在众多知名企业的思维培训一线，拥有丰富的教学经验、专业的知识储

①VUCA是易变性（volatility）、不确定性（uncertainty）、复杂性（complexity）和模糊性（ambiguity）的缩写。——编者注

备、幽默睿智的教学方法。任洁老师浓缩一线教学信息于此书，在这本书里，你能看到职场中最贴近企业需求、最贴合职场人上需求的各种现实问题与烦恼的解决方法，用思维导图敲开你沉闷许久的大脑，解决你在职场中遇到的常见问题，突破你的工作瓶颈期，让你在职业舞台中展现自我。

如果你现在有很多工作的烦恼，推荐你看此书，因为你能找到你想要的解决方法；如果你现在在职场上得心应手，推荐你看此书，因为书中的方法能帮助你更上一层楼。总之，你早该这样用思维导图。

让我们一起走进任洁老师的这本书，开启幸福的职场之旅吧！

赵巍

第十届世界思维导图锦标赛世界总冠军

托尼·博赞亲授认证讲师

自 序

作为学习者，在日常工作学习中，你是否常常感觉逻辑不够清晰，思路不够顺畅，以至于无法统筹全局？

作为活动策划者，要策划一场新颖独特、让大家满意的活动，对你而言是否非常困难？

作为研发人员，既要研发新产品，又要遵守公司政策，是否让你感觉思路不够开阔，新主意总是不能主动找来？

作为管理者，在企业与部门管理中，你是否感觉明知架构不明、权责不清，却无法找出有效的解决办法？

……

随着人工智能时代的到来，人工智能越来越普及，简单重复、可替代性强的工作机会渐渐被人工智能占据。在竞争激烈的职场中，唯有思维是不可替代并持续保持竞争力的利器。提高效率，优化思维，才是可以精进发展的方向！

科学证明，人脑对于图形的记忆能力远远大于文字，越来越多的人选择用形象的图示代替乏味的文字，运用图文结合的形式构建知识框架，提升思维能力。

思维导图是由"世界大脑先生"托尼·博赞教授提出的一项思维发掘工具。思维导图的结构化模式可以帮助我们对关键要素进行合理拆解，让我们想得更清楚，说得更明白；思维导图的可视化呈现方式可以将复杂多变的信息化繁为简，帮助我们增强理解和记忆，大幅度提高学习力和工作效率。

学习科学系统的思维导图，并在生活、学习及工作中加以应用和践行，可以帮助我们优化思维，提高效率。

任 洁

目 录 /CONTENTS

第一章

幸福职场从不加班开始

第二章

让你的报告一鸣惊人

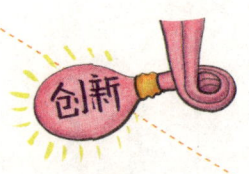

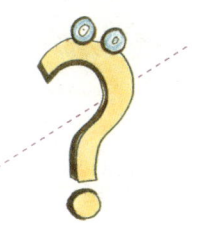

第五章

瓦解工作中的难题

第六章

思维导图绘制规则

第一章

幸福职场
从不加班开始

第二章

让你的报告
一鸣惊人

幸福职场 从不加班开始

找准焦点
- 明确
  - 目标 — 可解
- 化繁
  - 为简 — 可做
- 切中
  - 核心 — 可想

重新定义
- 扩展
  - why — 挖掘价值
  - what — 找到阻碍
- 收缩
  - 选择 — 焦点问题

衡量标准
- 广度
  - 思考
  - 启发 — 范围
- 深度
  - 扩大
  - 审视 — 成果
- 高度
- 速度
  - 做出 — 决策

明确焦点
- 切入
  - 准确
- 逻辑
  - 清晰
- 效率
  - 提高

要解决复杂的工作问题，先要找准焦点

在职场中，我们每天都要面对纷繁复杂的事情，需要同时处理很多并行的工作。如何能够抽丝剥茧，切中要害呢？

"创新思维之父"爱德华·德博诺说过，"卓越思考者与普通思考者的区别在于聚焦的能力"，因此，选择和确定焦点就非常重要了。

我在上课的时候，通常会问大家这样一个问题：假如你到一艘游轮上去玩，突然船长通过广播通知大家，游轮现在遇到了一些麻烦，请所有人各自从以下物品中任意选择五种带下船：

+ 六分仪；

+ 小收音机；

+ 剃须镜；

+ 一罐水；

- 驱鲨剂；

- 一个救生圈；

- 两平方米塑料布；

- 渔具；

- 一瓶烈性酒；

- 太平洋地图；

- 蚊帐；

- 五米长的尼龙绳；

- 四盒巧克力；

- 一罐汽油；

- 强光手电筒；

- 一箱军用口粮。

　　大家都能够很快、很容易地做出选择，选择的组合也是多种多样的：有人选的是口粮、水、强光手电筒、太平洋地图和塑料布，有人选的是烈性酒、尼龙绳、渔具、驱鲨剂和六分仪，等等。这时，我就会问，大家在选择这五种物品的时候，头脑中是否有一个清晰的焦点？即选择这五种物品的目的是什么？是求生还是其他目的？这就是我们说的，在解决问题之前，先要明确问题的目标焦点。有人选的是烈性酒、口粮、巧克力、收音机和水，给我的理由是：既然我们是到游轮上游玩、聚会的，那么即使下了游轮，不是也要继续玩乐吗？这个理由我是接受的，因为他有一个清晰的目标，所选的物品都是围绕这个目标筛选出来的。

如何重新定义焦点：扩展—收缩

前面讲了，要解决问题，先要找准焦点，我在多年的授课经历中发现这样一个问题：大家所找的焦点通常都非常宽泛。比如，如何提高员工的工作效率、如何更有效地利用时间、如何提高团队凝聚力……面对这些焦点模糊、范围很大的问题，我们很难着手思考和解决。这时，我们就需要进一步明确焦点，也就是做问题的聚焦。重新定义目标焦点，有一个工具：扩展—收缩。

🌵 一轮扩展—收缩

图1-1中心所示的是很多企业领导都会关注的一个问题：如何提高团队士气？很显然，这是一个很宽泛的问题，如果我们就这个问题去找解决方法，可能思路会非常发散，不容易聚焦，那也就不容易找到对应的解决方案了。这个时候，可以用重新定义目标焦点的工具"扩展—收缩"试一试。

首先，向上用why做价值的挖掘——为什么要提高团队士气？比如，有人说是为了提高产量，有人说是为了留住优秀的员工，有人说是为了提高工作效率。那就针对这三个不同的方向做进一步的问题挖掘，得到对应的三个问题：如何提高产量？如何留住优秀的员工？如何提高工作效率？

接着，向下用what找到阻碍——什么原因造成团队士气不高？比如，员工觉得自己没有得到赏识，员工没有改进的动力，员工不清楚如何融入团队。针对这三个方向，我们又可以深挖出三个更加具体的问题：如何改变对员工的态度，让员工觉得自己受重视？如何更好地赏识员工？如何让员工认清各自的工作职责？

这样，我们从一个大问题扩展出了六个小问题。针对这六个小问题，可以让团队做内部投票，收缩范围，选出大家认为亟待解决的焦点问题——如何更好地赏识员工（见图1-1）。然后从这个焦点问题入手，做进一步分析，找到解决问题的方案。

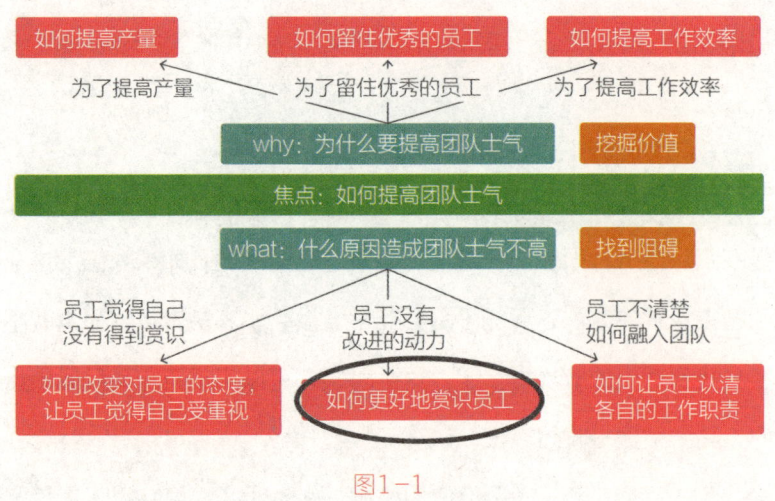

图1-1

当然，对于不少实际问题，可能通过一轮扩展—收缩，也未必找到焦点问题，这时就需要做多轮扩展—收缩。

🌵多轮扩展—收缩

如图1-2所示，焦点问题是：如何降低产品生产成本？

首先，向上用why挖掘价值——为什么要降低成本？我们找到两个方向：一个是因为市场竞争激烈，我们需要有竞争力的售价；另一个是为了增加利润率。从而我们得到两个子问题：如何增加价格优势？如何提升利润率？

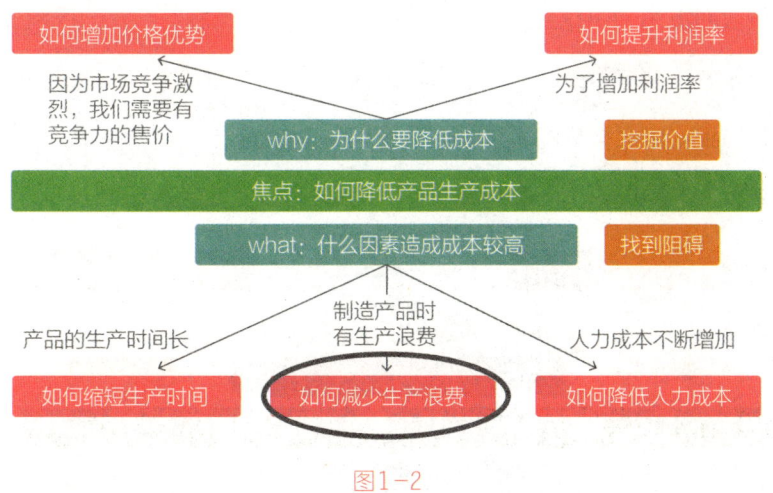

图1-2

接下来向下用what找到阻碍——什么因素造成成本较高？我们找到三个因素：产品的生产时间长、制造产品时有生产浪费、人力成本不断增加。由此得到的三个子问题是：如何缩短生产时间？如何减少生产浪费？如何降低人力成本？最后通过团队投票，大家认为"如何减少生产浪费"是现在亟待解决的问题。

这个问题也不是一下子就能找到解决方案的，因为生产浪费现象存在于很多环节中，比如流水线操作、包装工艺、运输物流等。
这时，我们需要做二次聚焦，再来一轮扩展—收缩，待解决的焦点
问题就变成了"如何减少生产浪费"。

如图1-3所示，向上用why挖掘价值——为什么要减少生产浪
费？我们找到两个原因：一是因为生产浪费造成工程部门绩效不
佳，二是为了更好地降低生产成本。由此得到的两个子问题是：如
何提升工程部门绩效？如何更好地降低成本？

向下用what找到阻碍——什么因素造成生产浪费？我们找到三
个因素：制造时材料浪费、人员的操作失误、出厂时外壳剐伤造成
的损失。由此得到的三个子问题分别是：如何减少材料浪费？如何
减少人工操作失误？如何减少外壳剐伤？

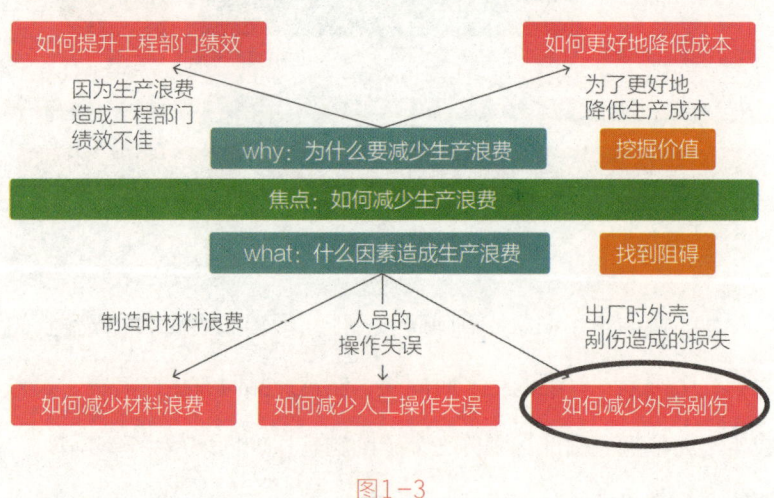

图1-3

这是一个实际咨询案例，客户是一家专门为品牌手机生产手
机外壳的代工厂。他们发现，生产的手机外壳在出厂的时候，外

壳剐伤造成的损失达40%，这是一个非常可怕的数字。因此，减少外壳剐伤就成了能够解决生产浪费从而降低产品生产成本的根本问题。

可以看到，对问题做一轮或多轮扩展—收缩，就是在寻找并明确焦点。

扩展—收缩这个工具的问题发散形式是思维导图的一种变形呈现：以一个问题为中心主题，从不同角度思考（why和what），先确定"挖掘价值"和"找到阻碍"这两个方向，进而在下一层级思考更多的维度和内容，让大问题得到拆解和细化，达到聚焦的目的。

在工作中，大问题、顽固问题随处可见。不管是对其视而不见，还是大刀阔斧地直接上手解决，都不是明智的办法。省时省力又聪明的做法是把大问题拆解成小问题，直到聚焦到可以直接解决的焦点问题。焦点问题的标准可以从以下四个维度来衡量（包含但不局限）：

（1）广度：能启发新的视角；

（2）深度：深入使用的范围；

（3）高度：审视思考的成果；

（4）速度：做出判断和决策。

当找到的焦点问题可以满足以上四个维度，说明我们聚焦到了点子上，可以着手解决问题了。

从扩展—收缩这个工具可以看到，思维导图的形式能很好地帮助我们梳理思路。它在每一个层级、每一个分类都有明确的指向和引导作用，无论是个人思考还是团队共创，都可以应用。

明确焦点，用有限的时间做有效的事

让焦点问题可视化

在职场上，效率的提升就是竞争力的提升。要想在八小时工作时间内高效完成任务，找到问题焦点、提取关键点是不二选择。在使用思维导图的过程中，每一幅思维导图都要明确一个焦点，并以中心图+中心主题（图+文）的形式呈现出来，以保证整幅图围绕一个主题进行，从而更好地帮我们提取关键点。

中心主题用文字来呈现，是为了直截了当地说明该幅思维导图的主要内容，避免中心图可能带来的个性化思考。中心图强调以图会意，即同时启动绘制者和阅读者的右脑，让图像引发出更多更深层次的思考。当然，图像还可以起到诙谐幽默的作用，让我们在第一眼看到这个主题的时候就心情愉快，希望开启这个话题的讨论。愉快的心情也会激发大脑的兴奋度和活跃性，让思考更加敏捷流畅。可以看出，思维导图每个环节的规则设置和要求都有其深层次的依据。

在一幅思维导图中，中心图+中心主题就是这个问题的焦点。由于所有的分支都是从这个中心出发的，所以无论我们做多么深层次的思考或者多少维度的分类，每一次都是从焦点问题出发的，这样可以保证我们不跑题。如果在绘制一幅思维导图的时候，你发现围绕一个主题发散出了非常多的分支，比如多于7个甚至多于10个，这个时候你就要想一想，是不是没有做到聚焦，以至于主题过于庞大，涉及很多方面，导致要阐述的内容非常复杂。

一般来讲，一幅思维导图的分支最好不要多于7个。因为人瞬间记忆项目的个数大概是7-2到7+2之间，也就是5~9个。所以，绘制思维导图，一般分支是3~6条，而每一个分支的层级数可以控制在5级以内，更能让我们围绕着一个中心主题，更简明清晰地做阐述。关于分支内容，本书后续有更详细的讲解。

始终聚焦中心主题

思维导图的可视化呈现让思维导图的绘制者和阅读者都能够始终聚焦在一个点上。

例1：

在会议中，当我们明确了这次会议的主题，就可以在白板上以思维导图中心图的形式把主题写下来或画下来，这样能时刻提醒与会人员这次会议的主题是什么，从而避免大家在讨论过程中偏离主题。如果有多个议题，要尽量一个一个地解决，避免多个话题交织在一起，降低会议的效率。

例2：

撰写报告的时候，先明确这个报告要围绕什么问题展开。用思维导图的形式给报告做一个框架结构，也就是梳理大纲。在用思维导图做大纲的时候，把报告的主题作为思维导图的中心主题，每发散一条分支、每写一个关键词，都可以对照一下中心图，确保不脱离中心主题。

例3：

发送电子邮件是职场日常活动之一。在邮件撰写技巧中，第一条就是要能够清晰简要地列出邮件主题，这个主题其实就是思维导图的中心主题。比如一封邮件的主题为"论公司未来五年的发展规划"，想必邮件内容一定是洋洋洒洒万字以上。因为一个公司的发展涉及生产、运营、财务、人事等各个方面，要把这些方面都论述到五年发展规划中，想必不是一个小的课题。这个时候就需要重新定义焦点，明确此封邮件要阐述的内容，从而提取出关键信息作为中心主题，写在邮件的标题栏中。可以在发邮件之前，先简单地画一幅思维导图。如果邮件内容已经确定，那就以从四周向中心聚合的形式，通过对各个层级的关键词提取，做总结提炼，最终汇总成中心主题。

由此我们可以看到，无论是从中心向外发散，还是从四周向内聚合，这两种思考方式都可以绘制出思维导图，其底层逻辑都是要化繁为简，聚焦焦点，突出主题。

下面这篇文章是乔布斯2005年6月12日在斯坦福大学毕业典礼上的演讲稿（节选），请通读并试着找出它的中心主题。

很荣幸能和你们，来自世界最好大学之一的毕业生们，一块儿参加毕业典礼。老实说，我大学没有毕业，今天恐怕是我一生中离大学毕业最近的一次了。今天我想告诉大家来自我生活的三个故事。没什么大不了的，只是三个故事而已。

第一个故事，如何串连生命中的点滴。

我在里德学院读了六个月就退学了。为何我要选择退学呢？这还得从我出生之前说起。我的生母是一名年轻、未婚的大学毕业生，她决定让别人收养我。她有一个很强烈的信仰，认为我应该被一个大学毕业生家庭收养。我后来的养父母在一个深夜接到电话，"很意外，我们多了一个男婴，你们要吗？""当然要！"但是我的生母后来发现我的养母大学没有毕业，养父连高中都没有毕业，她拒绝在领养书上签字。几个月后，我的养父母保证会让我上大学，她妥协了。这是我生命的开端。十七年后，我上大学了，六个月后，我觉得不值得。我看不出自己以后要做什么，也不晓得大学会怎样帮我指点迷津，而我在花销养父母一生的积蓄。所以我决定退学，并且相信我没有做错。一开始非常吓人，但回忆起来，这是我一生中做的最好的决定之一。能够遵循自己的好奇心和直觉前行后来被证明是多么珍贵。让我来给你们举个例子吧。当时的里德学院提供可能是全国最好的书法指导。校园中每一张海报、抽屉上的每一张标签，都是漂亮的手写体。由于我已退学，不用修那些必修课，我决定选修一门书法课。要不是我当初在大学里偶然选了这么一门课，Macintosh（麦金塔）计算机绝不会有那么多种印刷字体或间距安排合理的字号。要不是Windows（微软公司的系统）照搬了Macintosh的设计，个人电脑可能不会有这些字体和字号。

你必须相信一些东西——你的勇气、宿命、生活、因缘，随便什么，因为相信这些点滴，能够一路连接会给你带来遵从直觉的自信，它使你走离平凡，变得与众不同。

第二个故事是关于爱与失的。

我很幸运，很早就发现自己喜欢做的事情。我二十一岁的时候就和沃兹尼亚克在父母的车库里开创了苹果公司（以下简称"苹果"）。我们工作得很努力，十年后，苹果公司成长为拥有四千名员工、价值二十亿美元的大公司。我们只是推出了最好的创意。

在这之前的一年，也就是我刚过三十岁时，我被解雇了。我整个成年生活的焦点没了，这很要命。一开始的几个月我真的不知道该干什么。有个东西在慢慢地叫醒我，我还爱着我从事的行业，这次失败一点儿都没有改变这一点。我被驱逐了，但我仍爱着。我决定重新开始。当时我没有看出来，事实证明"被苹果开除"是发生在我身上最好的事。成功的重担被重新起步的轻松替代，我对任何事情都不再特别看重。这让我感觉如此自由，进入一生中最有创造力的阶段。接下来的五年，我创立了一家叫NeXT的公司，接着又建立了皮克斯动画工作室（以下简称"皮克斯"），然后与后来成为我妻子的女人相爱。皮克斯出品了世界第一部电脑动画电影《玩具总动员》，现在它已经是世界最成功的动画制作工作室了。在一系列成功运作后，苹果收购了NeXT，我又回到了苹果。我们在NeXT开发的技术在苹果的复兴中起了核心作用。另外，劳伦和我组建了一个幸福的家庭。我非常确信，如果我没有被苹果炒掉，这些就都不会发生。有些时候，生活会给你迎头一棒，不要丧失信心。我确信唯一让我一路走下来的是我对自己所做事情的热爱。你必须去找你热爱的东西，对工作如此，对你的爱人也是这样的。工作会占据你生命中很大的一部分，你只有相信自己做的是伟大的工作，才能怡然自得。如果你还没有找到，那么就继续找，不要停。全心全意地找，当你找到时，你会知道的。就像任何真诚的关系，随着时间的流逝，只会越来越紧密。所以继续找，不要停。

我的第三个故事是关于死亡的。

我十七岁的时候读到过一句话，"如果你把每一天都当作最后一天过，有一天你会发现你是正确的"。这句话给我留下了深刻的印象。因为几乎任何事——所有的荣耀、骄傲、对难堪和失败的恐惧——在死亡面前都会消隐，留下真正重要的东西。大约一年前，我被诊断出患了癌症。医生们告诉我这几乎是无法治愈的，还有三个月到六个月的时间。我的医生建议我回家，整理一切。在医生的词典中，这就是"准备死亡"的意思，就是意味着把要对你的小孩说十年的话在几个月内说完；意味着把所有事情搞定，尽量让你的家人活得轻松一点儿；意味着你要说"永别"了。我整日都想着那诊断书的事情。后来有天晚上我做了一个活切片检查，医生将一个内窥镜伸进我的喉咙，穿过胃，到达肠道，用一根针在我的胰腺肿瘤上取了几个细胞。我当时是被麻醉的，但是我的妻子告诉我，那些医生在显微镜下看到细胞的时候开始尖叫，因为他们发现这竟然是一种非常罕见的可用手术治愈的胰腺癌症。我做了手术，现在，我痊愈了。这是我最接近死亡的时候，我也希望是我未来几十年里最接近死亡的一次。这次死里逃生让我比以往只知道死亡是一个有用而纯粹书面概念的时候更确信地告诉你们，没有人愿意死，即使那些想上天堂的人，也不愿意通过死亡来达到他们的目的。但死亡是每个人共同的终点，没有人能够逃脱。你们的时间是有限的，不要浪费在重复别人的生活上。

"求知若渴，虚怀若谷"，我常以此勉励自己。现在，在你们即将踏上新旅程的时候，我也希望你们能这样。

分析：

在这次演讲中，乔布斯讲了三个故事，也就是从三个方面展开的，最终要表达的主题是"求知若渴，虚怀若谷"。这三个故事分别是：

（1）关于生命中的点滴；

（2）关于爱与失；

（3）关于死亡。

用思维导图的形式，我们可以很方便也很直观地表达出来（见图1-4）。

图1-4

让你的
报告一鸣惊人

结构化

① 有形 — 建立连接
— 决定形状

② 无形 — 建立模板
— 决定惯性

③ 思维 — 建立模式
— 决定效率

用导图

构建 — 结构
— 内容

展示 — 简洁
— 新颖
— 易懂

多形式

传统 — Word
— PPT

创新 New — 金字塔式
— 思维导图

报告也要结构化

　　说话清楚有条理、论述逻辑清晰是每一位职场人士的基本素质。做报告在职场中是最常见不过的工作了，无论是需要写出来的工作汇报、述职报告、年度计划、项目策划，还是要表达出来的工作总结、会议发言、演讲汇报，甚至是和同事沟通，等等，都要做到逻辑清晰、结构分明。

　　本章讲的报告，是广义的汇报，不仅仅是对上级的工作汇报，也包括同事之间的、朋友之间的沟通，或者你向别人传授一个技能，讲述一个方法，甚至讲一个故事，等等。所有这些，你都需要有逻辑清晰的表达。借助思维导图，可以收到事半功倍的效果。

　　说到这儿，我们就要先搞清楚什么是结构，如何在大脑中构建思维结构，这样才能更好地利用大脑来分析、解决问题，并构建谈话和组织报告内容。

结构可以分为三个层级，分别是有形结构、无形结构、思维结构（见图2-1）。这三个层级由浅入深，层层递进。我们先从最浅显的有形结构说起。

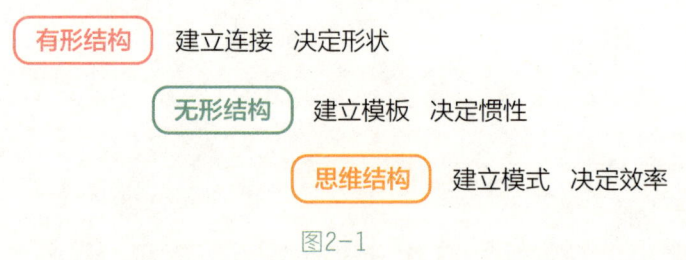

图2-1

🌵 有形结构：外在的表现形式

建造一栋房子的时候，我们首先会请设计师设计结构，包括外立面结构和内在布局结构。施工单位照着设计师的图纸施工，高楼大厦才能平地而起。设计师的图纸所呈现的，就是有形结构。

现在请思考两个问题：

（1）如果给你一堆钢筋，横着放可以做什么呢？相信你可以想到很多用钢铁建成的设施，比如桥梁、铁轨等。

（2）如果还是这堆钢筋，现在要求竖着放，可以做什么呢？可以建成如旗杆、电线杆、栅栏、桥墩等设施。

材料都是钢筋，由于摆放的形式不同，让你能够想到的物体是不同的。

再举一个例子。同样都是碳原子，当一个碳原子与另外四个碳原子以某种排列方式组合在一起时，能形成硬度很高的矿石——金刚石；当一个碳原子与周围三个碳原子以另一种排列方式组合在一起时，又能形成很软的矿石——石墨。

这样来看，当内容或素材相同的时候，结构不同决定了外在表现形式是不同的。这就是我们说的有形结构，看得见、摸得着、感受得到。

🌵 无形结构：金字塔原理

还记得小时候，老师是怎么教我们写作文的吗？要先审题，确定一个中心主题，也就是论点，然后为这个论点找论据，再以"总—分—总"的形式来写。

一名准备充足的学生在面对考试作文的时候，他会在头脑中迅速把这篇作文分解成六个模块——一个标题、一个论点、一个结尾、中间三个论据。而每一个模块也会有各自固定的结构，比如结尾用排比句+省略号，营造一种意犹未尽的感觉，或者三个论据用一样的开头形式，突出气势。

这种模板结构形式，就是无形结构。

我们的工作报告、邮件、文章，可不可以也用无形的结构来规划呢？当然可以，这就要用到麦肯锡的"金字塔原理"了（见图2-2）。

图2-2

图2-3是金字塔原理的标准图。我们从上到下做拆解。

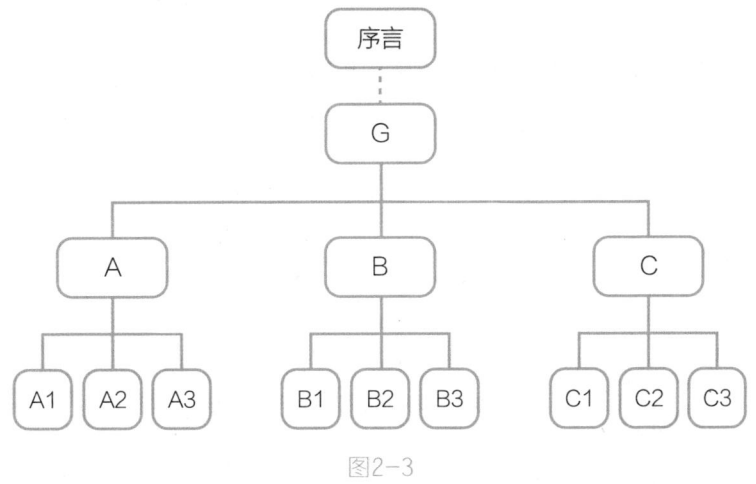

图2-3

第一层是序言。一般来讲，在提出论点之前，可能会有一些背景、矛盾、冲突等需要交代，这部分内容就可放在序言的位置。如果没有序言，就直接展开你的论点。记住一句话——"有就放，没有就不放"。

第二层是G（goal），即主题、结论、中心思想。放在金字塔的塔尖上，代表"结论先行"。先把要阐述的论点、要说明的事情的核心讲出来，再展开论述，这样可以大大提高沟通的效率。看你报告的人能够第一眼就看到你要表达的核心内容，即使后面具体的文字阐述和数据他没有细看，也能明白你的中心思想，你这份报告就没白写。试想，如果报告的主题就是"2019年××部门工作总结报告"，并没有实质的内容，领导在没空细看的情况下，如何能够知道你要表达的主题是什么、你们部门今年的主要业绩都有哪些呢？所以，一定要把最有价值、最有分量的内容总结出来，放到塔尖上。

第三层是论据A、B、C，也就是针对G这个论点，有A、B、C等多个论据来支撑，确保G成立。

第四层则是各论据之下的分论据，A1、A2、A3支撑A，B1、B2、B3支撑B，C1、C2、C3支撑C，以此类推。

整个图形上小下大，有层级、有分类，形似金字塔。

金字塔原理是一种无形结构，可以应用到工作安排、项目规划、公文写作、沟通表达等方面。

在使用金字塔原理规划报告结构时，要注意以下几个要点。

结论先行

在这里讲的结论先行，指的是在搭建思维框架的时候，把核心内容放在思维金字塔的塔尖上。

分享一个案例：

张经理是一家咨询公司的部门经理，最近他们部门耗时三个月完成了一个咨询方案。张经理将向本公司及客户公司的负责人做项目报告陈述。张经理知道，这到了项目的关键时刻，所以他提前做了精心的准备，仅项目汇报的PPT就做了二百多页。

陈述即将开始，张经理信心十足地走上台，鞠了一躬，说："大家好，今天由我为大家做我们项目的汇报陈述，将会占用各位领导三个小时的时间。这份报告一共分五大章、四大节，还有三个问题，接下来开始我的汇报。"正当张经理要逐一展开分享的时候，客户公司老总的秘书走进来，在老总耳朵边小声说了几句话。这时候，客户公司的老总站起来了，说："停！我有非常重要的事情，现在需要马上赶到机场去，你这个报告我听不了了！这样吧，我坐电梯到停车场的这段距离里，你跟我讲讲你这个方案的内容。"

这时，张经理还能说他那二百多页PPT吗？肯定不行，时间不够了。本来计划讲三个小时的内容，现在被压缩到最多三分钟。在电梯里，张经理一定要把最重要、最核心、最有价值、最能打动客户的部分讲出来。这就要求把报告里的精华部分浓缩成短短的几句话，在最关键的时刻讲出来。

这个例子其实就是著名的"麦肯锡电梯30秒"。

试想一下，你在坐电梯的时候，董事长走了进来，向你微微一笑，问道："最近怎么样啊？"这个时候你要怎么回答？

如果你简单回答一句"还行，不错，还可以"，就是典型的把天聊死了。因为董事长最多向你点点头，接着电梯里就会是凝固的沉默。如果你换了一个想法：哎呀，太好了，终于有机会可以向董事长做汇报了，那我要把我最近手上的这七八个项目都要好好讲一讲。所以你从第一个开始讲，但可能第一个还没讲完，董事长的楼层到了，于是他对你说"下次有机会再聊吧"。请问，你的目的达到了吗？肯定没有。

　　聪明的做法应该是怎么样的呢？一定要用上结论先行，迅速在头脑中搭建思维结构。把处于金字塔塔尖部分的最核心、最希望让董事长知道的内容，汇总成简单的一句或者几句话，干净利落地表达出来。如果董事长听了感兴趣，他会继续请你说下去，可能即使电梯到了，他也愿意邀请你到办公室继续聊。这是多么难得的述职机会呀。

　　所以结论先行的作用非常大！

　　示例：

　　图2-4[①]的中心图和中心主题就表达得非常直白。直接把中心主题说清楚了——"副业赚钱之道"，就是要告诉大家如何通过副业赚更多的钱，成功地引起了大家的兴趣，大家自然愿意多了解、多学习了。这就是结论先行的作用。

---

①图片内容来源：安晓辉、程涛著，《副业赚钱之道：从0到1打造多元化收入》，人民邮电出版社，2020年。

图2-4

排序逻辑

确认报告主题后，要组织论据了。这时，你要换位思考，从受众的角度分析他最关心的是什么、最想听的是什么，把内容按关注度顺序排列。这就是"排序逻辑"。

试想，你是公司的产品研发部经理，公司刚刚研发出一款产品准备投放市场，现在要召开新产品发布会，由你为客户做产品陈述。30分钟的演讲，要说三点，来看看哪一点应该先说。

（1）研发难度高。在研发的过程中做了上千次实验，失败过多次，历经无数个不眠之夜，才最终研发成功。

（2）研发经费高。公司耗资数千万元，聘请国外专家，购入精密仪器，启动高质量研发团队。

（3）产品利润高。向客户介绍产品卖点、亮点、优点，目前同类产品的市场份额情况、利润情况等。

考虑先说哪一点，就看受众是谁。是客户。客户对新产品最关心的是什么？是产品的研发过程、研发经费，还是开发产品的心路历程？都不是！客户最关心的一定是这款新产品的市场销量、利润率。所以，第三点要放在最前面说，以求抓住客户的兴趣点。

示例：

图2-5[1]所示的思维导图，其主干间的逻辑关系就不错。要想突破思维局限，要先有"感知"，再到"动力"，进而调整"心态"，最后触发"行动"。这个顺序符合认知，能获得读者认可。

---

[1]图片内容来源：古典著，《拆掉思维里的墙：原来我还可以这样活》，中国书店，2010年。

图 2-5

分类清楚

如何能够让你的表达逻辑清晰呢？分类。当你做报告的时候，同一时间只能表述一个观点，对这个观点你可能会有多个论据，如果你不加处理，只是一股脑把这些论据都罗列出来，那么很有可能不仅无法清晰地证明观点，还会让人觉得你啰唆，抓不住重点。因此，你需要对论据进行分类，最好能给每一类提炼出一个关键词。当有了一个论点以后，你应该先想一下从哪几个方面来阐述这个论点，然后根据这几个方面来找论据；或者先找到一堆论据，再根据这些论据的性质进行合并，把同一性质的论据放到一起。这两种路径都是在对论据做分类。

有一个分类的工具，叫"MECE［mutually（相互）、exclusive（专有）、collectively（共同）、exhaustive（全面）］原则"。MECE原则讲求的是：不重不漏，分清分净。要做到这一点，就要保证各分类相互之间具有排他性，整体毫无遗漏。

使用以下几种方法对信息进行分类整理，就遵循了MECE原则——

二分法：把信息分成"是"和"非"两部分。

过程法：按时间顺序、流程节点进行分类。

要素法：比如高效能人士的七个习惯、产品的原材料配比等。这种分类方法是把整体按各方面特征做分解，可以采用从上到下、从外到内、从整体到局部等顺序。

上下对应

每一个论点及其论据，一定要严格遵循上下对应的关系。如果论据不能很好地支撑和阐述论点，那么它的存在就是没有意义的。

假设图2-3所示的金字塔标准图是一个family tree（家族树），那么就有A家庭、B家庭、C家庭等，他们都属于G大家族。既然大家都是亲戚，互相之间是否可以串门儿呢？

抱歉，G大家族没有串门儿的传统。因为这不符合上下对应的原则。试想，如果A3和B1对调位置。那么，对于A来说，A1、A2都是支撑A观点的论据，但是乱入的B1无法支撑A，因此，B1与A没有做到上下对应。同样道理，A3也无法论证B论点的正确性。所以，在金字塔大家族里，每个人都要老老实实地在自己家待着，不但不能串门儿，而且在家里也要守好自己的位置，因为每个小家庭也存在长幼有序（排序）的问题。

综上所述，大金字塔是由若干小金字塔组成的。无论大小金字塔，都要符合四个基本原则，即结论先行、排序逻辑、分类清楚、上下对应。

示例：

我们来分析一下图2-6中主干与分支之间的对应关系。

第一个主干：练习原则。包括"目的"和"标准"，这两个方面构成了练习的原则。没有目标的练习是没有效果的，所以原则之一就是要设定目标。没有标准的练习是没有进步的，所以原则之二是要有标准。

图2-6

第二个主干：心脑结合。二级分支很自然对应的就是大脑和心理。这是严格的对应关系。

第三个主干：运用场景。分别可以运用到工作和生活中。同一个层级，同一个逻辑，是非常清晰的逻辑推进。

第四个主干：天才路线。成功要经历四个阶段，而非依靠天生的才华。

来看一段文章，你能否快速找出其中的无形结构？

差异互补、错位发展、承接辐射
浙江积极推进长三角地区共同发展

本报杭州9月25日电（记者鲍洪俊）国庆前夕，浙江省党政代表团赶赴上海、江苏，共商推进长三角地区一体化举措。按照差异互补、错位发展、承接辐射的思路，浙江省正积极推动长三角地区合作交流，携手沪、苏，努力把长三角地区建设成为科学发展、和谐发展的示范区。

优势互补，取长补短，进一步优化合作环境。充分借助上海、江苏在人才、技术、外资等方面的先发优势，围绕完善长三角区域统一市场体系的目标，营造良好政策环境和发展条件，促进各类要素无障碍流动。

　　沪、苏并重，均衡发展，进一步增强合作实效。加强在综合交通、能源供应、土地利用、环境保护、产业发展、人力资源开发、政策法规衔接等领域的合作交流，形成"区域效应""同城效应"，推进区域合作不断取得新成效。

　　共同发展，实现多赢，进一步深化合作机制。抓住国家编制实施长江三角洲区域规划的契机，在发展战略、重大决策上充分考虑"上海因素""江苏因素"，科学确定功能定位和发展战略，扬长补短，着力构建政府主导、企业主体、社会助力的新型区域合作模式。

　　据介绍，长三角地区将继续定期举办两省一市高层会商、副省（市）长级合作座谈、十六市交流会晤、长三角区域合作论坛。

分析：

　　这篇文章一共五个自然段，总—分—总的结构很明显，绘制成思维导图一目了然（见图2-7）。

图2-7

🌵思维结构：大脑思考的模式系统

什么是思维的模式系统？请问，当你在走路的时候，你会考虑接下来要迈哪一条腿吗？当你在挤牙膏的时候，你会考虑要挤出来几厘米吗？当你在吃饭的时候，你会考虑要用左边嚼还是右边嚼吗？这些都是很自然就做了，不用花时间考虑的动作。能够高效又准确地完成这些动作，就是我们大脑中的模式系统在起作用。

先来简单看一下模式系统是如何形成的。

模式系统的形成一共分为三个阶段。

第一个阶段：0岁至6岁。如果你和学龄前的孩子聊天，你会发现他特别愿意问"为什么"（why），这个时候他处于求知的阶段，对一切事物都充满了好奇心和求知欲。他脑子里的认知是很多散落的点，他需要通过提问，找到这些散落的点之间的关联（见图2-8）。

图2-8

第二个阶段：6岁至12岁，也就是小学阶段。小学生当然也会问"为什么"，但是这个时候他开始有独立的想法，遇到问题会有自己的观点，所以他经常会问"为什么不"（why not）。他大脑中的模式系统开始由一个一个散落的点逐渐连成一段一段的线（见图2-9）。

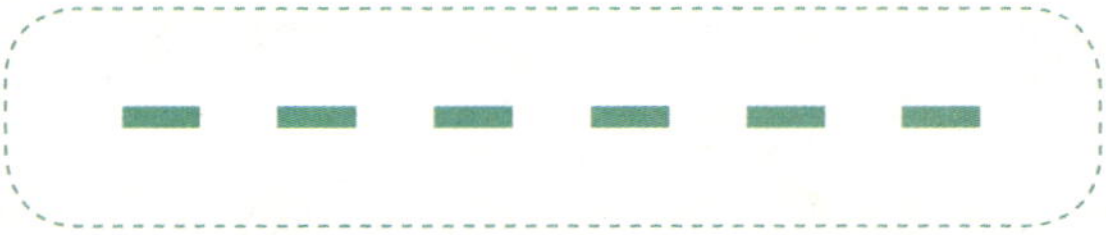

图2-9

第三个阶段：12岁至18岁，也就是中学阶段。不管是初中生还是高中生，他的知识积累已经比较丰富。随着对知识的积累和对社会认知的加深，遇到问题他开始自己找原因，遇到困难他开始自己想解决方案，所以这个时候他反复思考的是"因为……"（because）。

作为职场人士，你早就通过了这三个阶段，所以当你遇到问题的时候，你会首先到相应的模式系统中找过往的经验和知识来解决问题。当你遇到一个新问题，这个问题的答案在你大脑中的模式系统还没有建立时，这个问题对你而言就会比较棘手，需要你花点时间和精力来寻找答案，在头脑中建立一套新的模式系统。日后再遇到类似问题的时候，就有直接应对的经验了。

举个例子，如图2-10所示，A是你家住的地点，B是公司的地点。你要从家开车去上班，走A—B这条路。有一天，你刚要出发，突然听到交通广播说A—B这条路在堵车，如果还走这条路上班一定会迟到。那么，你会很自然地想换一条路去上班。于是，你

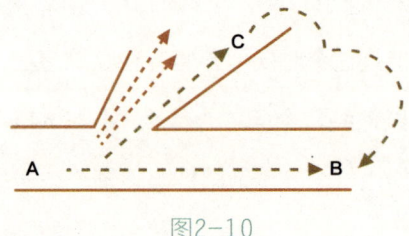

图2-10

选择了A—C—B这条路。虽然这条路线的路程变远了，但是你知道这样走才能不迟到，选这条路速度更快，效率更高。

之所以要在大脑中建立新的模式系统，就是因为它能帮助我们突破惯性思维，寻找新的方法来提高效率。

也就是说，模式系统是能够帮我们存储记忆、存储经验，指导我们又快又准确地做出决策的一种思考方式。

制作让人眼前一亮的PPT

书面工作报告可以有很多形式，一般用Word或PPT来呈现，其中辅以图表。为了让报告的主题更加明确，可以借用金字塔的结构形式和思维导图的表现形式。

来看看最常用的PPT报告形式。你在做年终工作总结报告的时候，是不是随便找一个模板，直接套用就行了呢？千篇一律的报告样式怎么能让人眼前一亮呢？

用FAB利他性原则制作PPT

比如图2-11的报告封面页。如果把这样的报告发送给领导，领导第一眼只能看见"年终工作总结"，他一定能够清晰地知道你在

2020年都做了哪些工作吗？很难。领导每天日理万机，下属很多，他很难看了一眼标题马上就把你2020年做过的所有工作都想起来。

图2-11

如果换一种方式，把报告封面页上面这句最醒目的话变成你全年度工作情况的高度总结，尤其是亮点总结，那么哪怕领导没有时间一一浏览，他一看封面，就知道你要汇报的内容了，你这份报告就没白写。

我们来看看高手是怎么做报告的吧。

图2-12是典型的麦肯锡风格的PPT。在麦肯锡的报告里，每

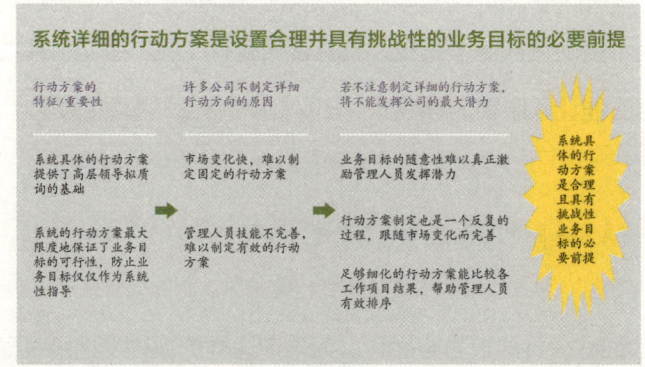

图2-12

一页顶部的标题都非常重要。如果把每一页的标题连在一起，就可以形成一个完整的文档。这就意味着，即使不看具体的内容，只看标题句，也不影响阅读者对报告的理解。

再来看看另一份报告（见图2-13），其实它和麦肯锡的报告样式异曲同工。

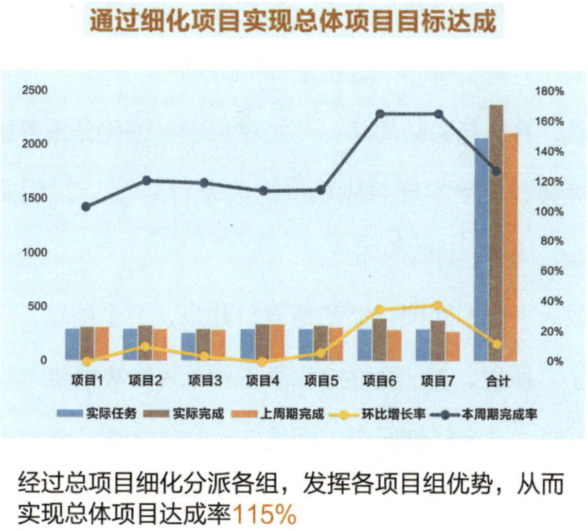

通过细化项目实现总体项目目标达成

经过总项目细化分派各组，发挥各项目组优势，从而实现总体项目达成率115%

图2-13

最上面这一行红色加粗字是最醒目的标题，也是对这一页内容的高度概括。看到这一行字，即使不看下面的内容，你也知道，作者要传递给你的信息是什么。

做商业报告的时候，有一个非常重要的原则：FAB利他性原则。

F：feature，代表属性。

A：advantage，代表优势、优点、长处。

B：benefit，代表价值、利益、好处。

　　这三个要素在一页PPT里面是如何展现的呢？利他性——一定是对看这份报告的人有利，所以要把B放在最醒目的标题位置。看报告的人只看标题句，就能了解到对他最有利的信息。如果他对此非常感兴趣，就会想看看具体的内容。

　　那接下来应该放哪个要素呢？观察一下图2-13，可以看到，在正文部分，基本上都是图表、数据等，都是在陈述和主题相关的信息、属性。毫无疑问，这就是F的部分。

　　最后，有一句总结的话："经过总项目细化分派各组，发挥各项目组优势，从而实现总体项目达成率115%。"很明显，这是在阐述长处、优势，即A的部分。

　　多数人平时的阅读习惯都是看个开头，看个结尾，中间扫一眼就过去了。所以，最上面的B和最下面的A非常重要，只有当需要具体数据时，才会仔细研究中间的F。

　　现在你知道如何写工作汇报的封面、如何安排每一页的内容了吧。当你把整个工作汇报写完之后，可以根据图2-14的要点检查一下整个报告是否逻辑清晰、分类恰当、呈现美观等。

图2-14

🌵 用思维导图做报告

用思维导图做报告，可以有两种方式。

做报告的大纲——整理思路，搭建框架

在这里，尤其推荐使用手绘的方式，在一张纸上搭建报告的框架，而不是使用电脑软件。这么做原因有两点：（1）由于纸张大小的局限，绘图时是鸟瞰视角，使你更容易顾及思维的整体性；（2）在整理内容的时候，纸张空间的限制也会促进你深度思考，化繁为简，不断从全局出发思考和布局，提炼再提炼。

如果你用电脑软件绘制思维导图，不需要考虑上述因素，信息没有经过慎思，很随意就写出来了，这样会导致报告的内容冗长啰唆。也容易让自己陷入局部思考，使报告缺乏整体性。

用来搭建框架的思维导图，是给你自己看的。不需要画得多么精致。它的作用是确保报告思路清晰、紧扣主题、结构严谨。当正式的报告写完之后，可以和这幅思维导图做一个比较，看看有没有漏掉的地方。反复修改优化，直到让自己满意为止。

作为报告的呈现形式

你提交的报告就是一幅完整的思维导图。不过，现在在网络上经常可以看到如图2-15所示的伪思维导图。没有图形，全是文字，分支非常多，内容也特别厚重。扑面而来的是大量的信息，很

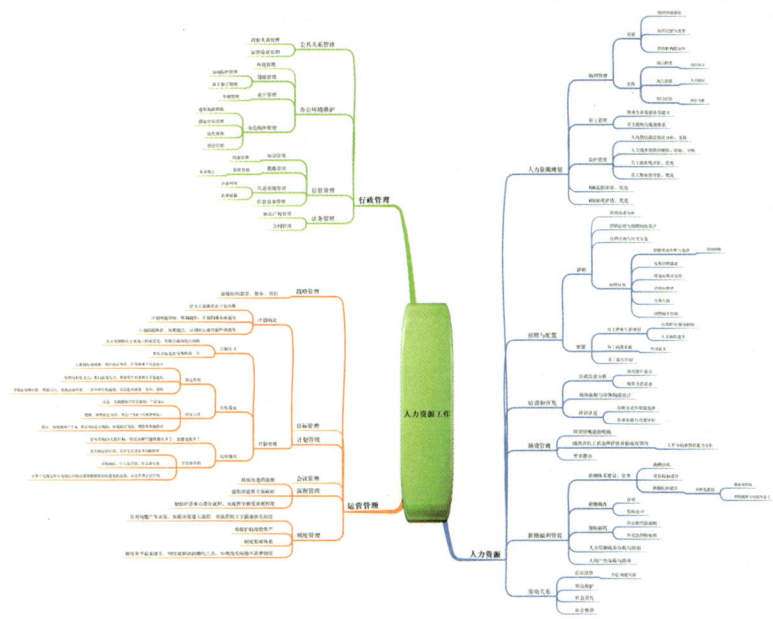

图2-15

难分辨出哪部分是重点内容，让人一看就失去了阅读的欲望。我们
要做的思维导图，可不是这样的。

　　前面讲过，当你在思考一个问题的时候，最好能够先明确这个
问题的核心部分；如果你要讲的是一个大问题，你可以先把它拆解
成几个不同维度的小问题，找到切入点。这样，你才能很好地确定
问题的焦点。你也可以用思维导图，把这个问题做可视化的呈现，
问题的焦点就是这幅思维导图的中心主题。

　　其实，一份报告或者一个演讲的框架，可以由一幅思维导图构
成，也可以由多幅思维导图构成。如果你的主题是一个比较大范围
的话题，建议你把它拆分成几个维度的小主题，然后用几幅并列的

思维导图做呈现。对于每一个小主题，当你确认其中心主题后，就可以运用MECE原则进行分类了。这个时候你可以思考，对于这个中心主题，可以从哪几个维度来阐述，然后按照受众的关注度对这几个维度进行排序。

比如，针对一个中心主题，有四个可阐述的维度。受众最关注的维度，可以放在右上角45度左右的方向，作为第一个一级分支（即主干）。其余三个维度，则按重要程度的顺序，围绕中心主题做顺时针方向排列。

接下来针对每一个一级分支，再思考可以从哪几个方面做论述，即重复分类、排序的过程。也就是说，不管在哪一个层级上，你都是在反复地做分类排序，并保证每一层级与其上下层级都是对应的。这样的思维导图绘制逻辑，类似于金字塔原理的底层逻辑：以上统下，上下对应。无论是横向结构还是纵向结构，逻辑都很严谨。

用思维导图作为报告的呈现形式，报告主题一目了然，内容高度精练，配以图形，更能提高美感和吸引力。再加上你娓娓道来的讲解，你的报告将会让所有人眼前一亮。

另外，思维导图其实是可以和金字塔原理相互转化的。

如图2-16所示，思维导图的中心主题就是金字塔原理的塔尖（G），即中心思想/结论部分；一级分支就是一级论据（A、B、C）；二级分支就是二级论据（A1、A2、A3，B1、B2、B3……）。把一张思维导图抓住中心图拎起来抖一抖，就变成金字塔的形状了。

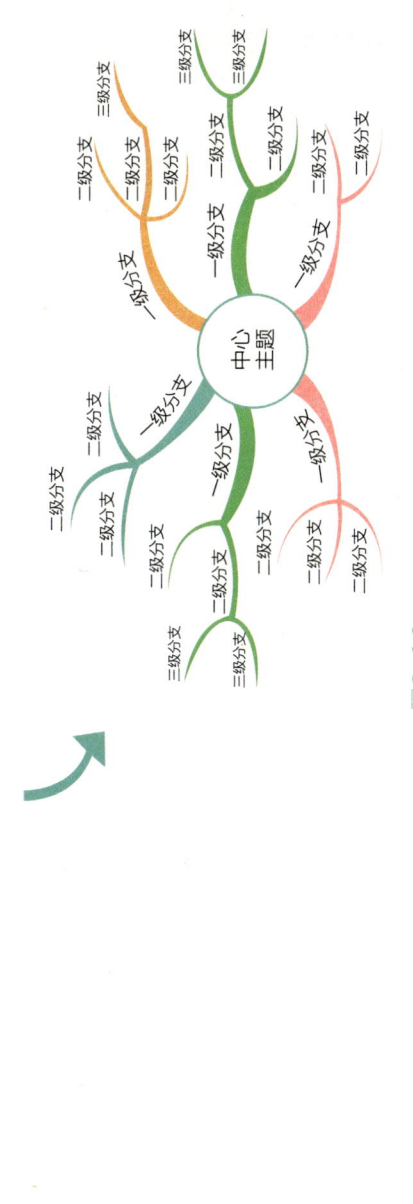

图2-16

思维导图在报告中的应用

接下来，我们看几个运用思维导图厘清思路的具体例子。

汇报案例

　　王经理来电话说他下午3点钟不能参加会议。小孙说他不介意晚一点儿开会，把会议放在明天开也可以，但是明天上午10点半以前不行。可是明天会议室已经有人预定了，但星期四还没有人预定。唐总的秘书说，唐总明天很晚才能从外地回来。会议时间定在周四上午11点似乎比较合适。您看行吗？

　　这是职场中最常见的一个汇报案例。想一下，汇报人这样向领导汇报，领导的反应会是什么样的？相信领导一定会打断他，并问："你到底想说什么？！我们的会到底要在几点开？！参会人员到底是什么情况？！"应该如何避免做出这样逻辑混乱的汇报？我们从几个方面来看一下。

　　第一，当你做汇报之前，一定要先在脑子里想想，第一句话要说什么。

　　汇报的主题和核心思想是一定要放在第一句话来讲的。通常领导都很忙，你应该把最重要、最核心的部分归纳成一句话，放在最前面，先说出来。如果领导有必要知道具体原因，他会接着问为什么，这时你再把影响会议时间确定的要素有条理、有逻辑地讲清楚就可以了。这就是金字塔原理中的"结论先行"。

第二，如果要陈述影响会议时间确定的因素，就要先弄清楚因素有哪些。通读这个案例，我们发现，影响因素可分为三类：一是地点，二是人，三是时间。

先看地点。会议地点到底要不要讲呢？这时可以假设两个极端。一个极端是必须说：当会议地点是会议能否召开的唯一必要因素的时候，就一定要说。比如，每年到年底的时候，各家公司都要开年会。有些销售型公司在年会的时候还要做次年的誓师大会。在北京，有一些销售公司愿意选择在人民大会堂开誓师大会，可人民大会堂并不容易预定，有的公司决定，能定上人民大会堂，就开誓师大会，否则就不开。这个时候，会议地点的选择是会议能否召开的唯一必要因素。做汇报的时候，必须把会议地点这个因素加上。

另外一个极端是肯定不用说：当会议地点的选择对会议能否召开没有影响的时候，就可以不说。假设会议在董事长办公室开，董事长也是参会人员，那么，当开会的时候，所有与会人员到董事长的办公室集合就可以了，不存在预定会议室的情况。而且，只要董事长没有别的安排，那么无论什么时候开会，这个会议地点一定都是可用的。这时，会议地点对会议能否召开没有影响，这种情况下可以不说。

再看参会人员。在这个案例里，除了董事长以外，还有三位参会人员，分别是唐总、王经理和小孙。从他们的称呼上，我们能看出他们职位不同。在职场环境下，三个职位不同的人同时出现，按职级排序是硬道理。所以在本案例里，应该以唐总、王经理、小孙的顺序进行考虑和汇报。

值得一提的是，除了按职级排序，还有一些别的排序方式。比如，汇编一本工作报告集，收录各员工的工作报告，在排序的时候，可以按姓氏笔画排序，或按姓名拼音排序；又比如，在介绍与会人员时，除了按职级排序，对同一级别的人员，也可以按出场顺序排序；等等。

最后看时间要素。从案例的字面来推断，你能看得出今天是周几吗？有的人会脱口而出是周二。如果仔细推敲，你会发现不一定是周二，周二或者周一都说得通。可以先做一个假设，假设今天是周二，既然决定把会放在周四11点开，你就要在论据的部分说清楚周二、周三为什么不行，周四为什么行。这里就用到了上下对应——论点和论据之间的对应。

综上所述，在思考的过程中，你一定要先明确中心主题，接下来做分类，把影响会议时间确定的因素分成三类：时间、地点和人物，再对这些因素做进一步分类，时间有三个节点——周二、周三和周四；地点有两个分支——一个是必须说，一个是不用说，在思维导图里可以用"√"和"×"来表示；人物有三个——唐总、王经理和小孙，要以职级排序。

这样，一幅逻辑清晰的思维导图就在你的思维中（见图

2-17），它能让你脱口而出，做出逻辑清晰的汇报。

图2-17

正确汇报示例：

　　董事长，原定今天下午3点的会议可能需要改期到周四上午11点。唐总临时有事去了外地，他的秘书说他要明晚，也就是周三晚上才能从外地回来。王经理刚才也来电话说他今天下午3点无法参会。我问了一下行政，会议室周四还没有人预定。周四上午，唐总、王经理、小孙都没有别的安排，所以会议时间定在周四上午11点比较合适。您看行吗？

Tips：

汇报的沟通方法可以参照图2-18。

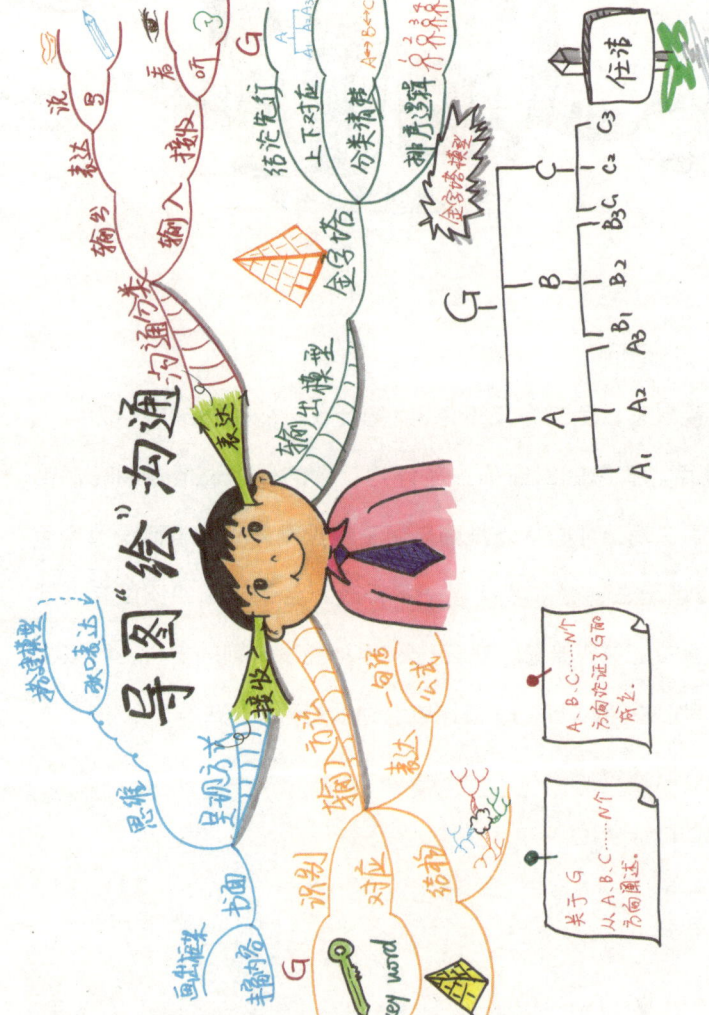

图2-18

演讲案例

图2-19是一家公司一次商业宣讲的结构框架，受众是代理商。在这次会议中，该公司宣讲的主题是希望代理商能够购买公司的特许经销权。如果你是演讲者，你要如何做到逻辑清晰、内容清楚地向代理商传达信息呢？

先换位思考，如果你是代理商，当演讲者抛出这个中心主题的时候，你的头脑中一定会出现一连串问题：我为什么要购买特许经销权？如果我买了，对我有什么好处？

针对代理商的这些问题，作为演讲者的你会给出三个理由：

（1）我们的品牌将快速增长；

（2）可以产生积极的财务作用；

（3）品牌容易引入。

也就是在第一层级直接回答代理商最关心的问题，接着就每一

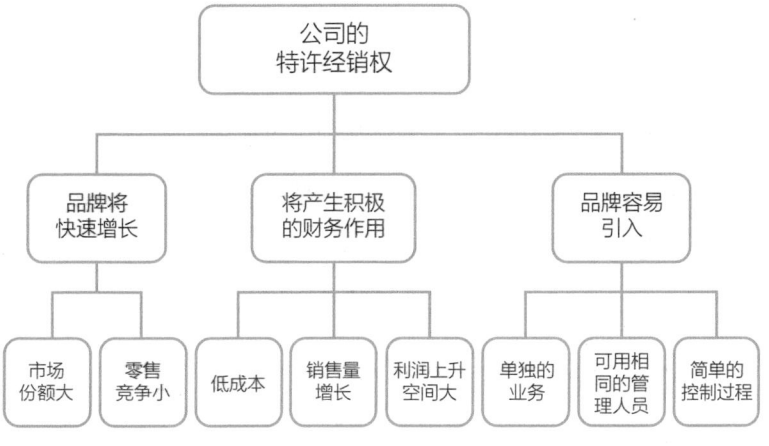

图2-19

个理由给出进一步的解释。例如，我们的品牌将快速增长，这是因为我们的市场份额大、零售竞争小。那么，如何产生积极的财务作用呢？我们的成本低，销量持续增长，利润上升空间大。同样，为什么我们的品牌容易引入呢？因为我们有单独的业务，可用相同的管理人员，还有简单的控制过程。

　　这样，就把一个相对枯燥的金字塔结构演讲框架转换成了一幅图文并茂的思维导图（见图2-20）。头脑中构建出这样一幅思维导图，逻辑脉络清晰，你不需要逐字背诵讲稿，只要把要点填充进

图2-20

相应的分支，让每一个分支都有严谨的逻辑和清晰的表达，就可以做一场精彩的演讲。同时，如果你在演讲时把这幅图作为视觉辅助手段，呈现给代理商，也有助于代理商理解你的观点，从而让你的演讲最大程度地获得代理商的认可。

Tips:

演讲的工具方法可以参考图2-21。

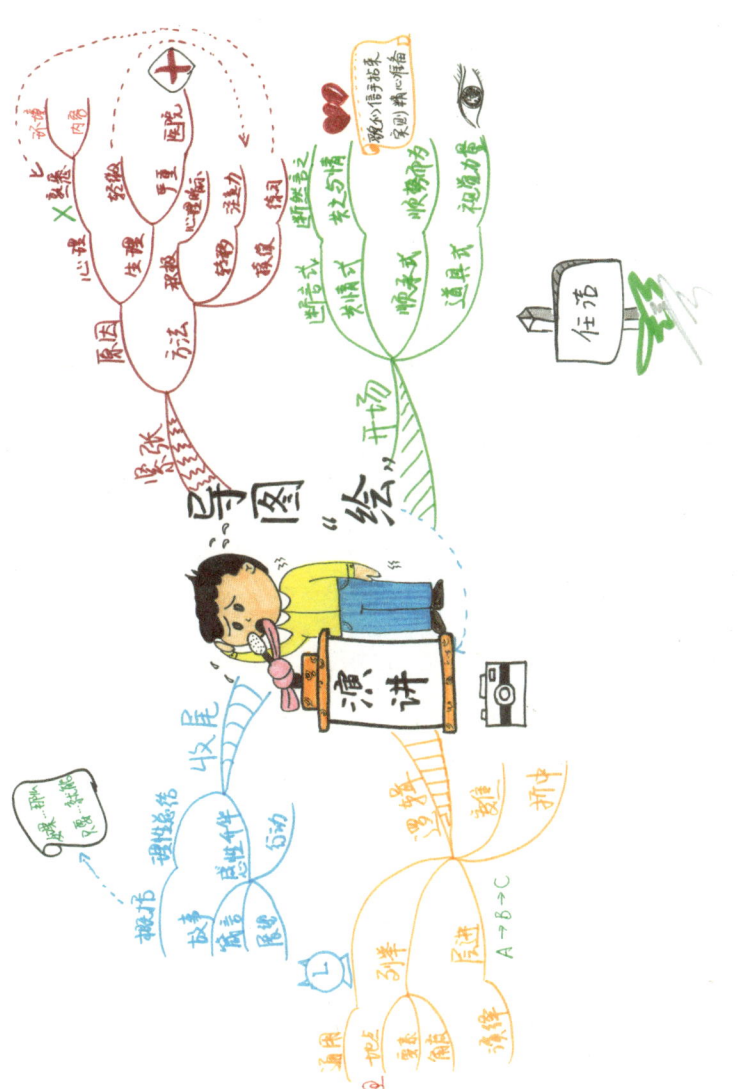

图2-21

🌵故事案例

　　如果你想给别人讲一个故事或者描述一个事件，如何做到逻辑清晰地表达呢？下面先讲一个故事吧。

　　我不知道大家在上中学历史课的时候，有没有对这件文物产生好奇，或者说有没有人觉得这里面不太对劲。大家看，北京人头盖骨化石，为什么只有眉骨以上的骸骨？眉骨底下的脸为什么没有了？我问过上百名学生，基本上没有人能给我靠谱的答案。其实呢，因为这个知识真是非常冷僻，在这儿我介绍一下，大家就会知道到底发生了什么，这是一个非常醒脑的故事。

　　当时主持周口店北京人的发掘与研究工作的学者中，有一位来自德国的古人类学家，他的名字叫魏敦瑞。魏敦瑞在研究北京人骨骼化石的时候，发现一件事，让他觉得特别奇怪。人是一个脑袋、两条胳膊、两条腿，所以人死后，尸体变成骨头乃至变成化石，头跟四肢骨数量至少也应该是1：2才对。魏敦瑞发现在所有的北京人骨骼化石里，头骨和四肢骨的数量都无法构成1：2的比例，头骨太多了，四肢骨的数量不够。这是为什么呢？

　　他提出很多假设。

　　第一种假设：是不是考察队员粗心大意，有些化石留在现场没拿回实验室。后来他认为这应该不可能。为什么呢？因为考察队对现场进行了非常全面认真的挖掘，别说大块骨头了，就连碎牙和骨头渣都从土中筛了出来，拿回实验室了。

第二种假设：是不是野兽看到骨头顺嘴叼走了。他认为也不太可能。因为首先，这是化石，又不是新鲜的骨头，上面都没肉可以吃了；其次，就算真是被野兽叼走，那它也应该把所有的骨头都叼走，不可能只叼走四肢骨，专门留下头骨。

后来他发现这山洞底下连着一条长长的地下河，就提出第三种假设：是不是有时候河水的水位太高了，水漫上来把骨头冲走了。但他认为这也说不通。因为水不可能专门把头骨留下，把别的骨头都冲走。

别的可能性都排除了，只剩下最后一种可能性，也是最恐怖的一种可能性，那就是在几十万年前北京房山区的山洞里，有北京人拎着别人的脑袋回来了，所以山洞里头盖骨的数量明显过多。魏敦瑞顺着这个思路往下探查，果然发现有的头骨上有明显的石器打砸的痕迹。这时他立刻想起了一件事：在太平洋海岛上，食人部落的食人风俗很常见。食人族在吃人的脑袋时，会让尸体平躺在地面上，接下来找大石头把人脸砸碎，这样就可以吃了。在北京人的山洞里发现了五块北京人头盖骨化石，无一例外，都是这样。推测那个山洞里曾经生活着一个食人魔，他喜欢到附近去猎杀别的北京人，把别人杀了以后，就地享用大部分尸体，然后用钝石器把脑袋割下来，拎回山洞里继续吃。①

　　顺着叙述者的思路，我们不难发现，他想讲的故事是要论述"为什么山洞里发现的北京人头盖骨化石都只有眉骨以上的部分"这个问题。接着我们看一下叙述者是如何讲清楚这件事的。

　　首先，介绍了发现问题的背景：研究人员发现头骨和四肢骨的数量不成比例。这就是一个导入，起到"序言"的作用。其次，依次介绍了研究人员针对不成比例现象所找的原因。研究人员提出三种假设，但都一一推翻了；接着又提出第四种假设——食人行为所致，这一假设既说明了头骨和四肢骨不成比例的原因，也能解释为什么头骨会有缺失，而且这一假设的合理性也有其他地方出现的食人行为做支撑。最后，得出结论：北京人头盖骨化石的缺失是食人族的食人行为所致。

　　通过梳理论述的脉络，得到如图2-22所示的金字塔结构图。

　　我们可以把这个思路进一步转化为如图2-23所示的思维导图，条理会更清晰。先确定中心主题，然后把每种假设各作为一个分支，填入关键词，我们就可以快速抓住陈述人的思路，迅速理解故事的精髓，大大提高沟通的效率。

①故事来源：河森堡著，《进击的智人：一部由匮乏塑造的历史》，中信出版社，2018年。

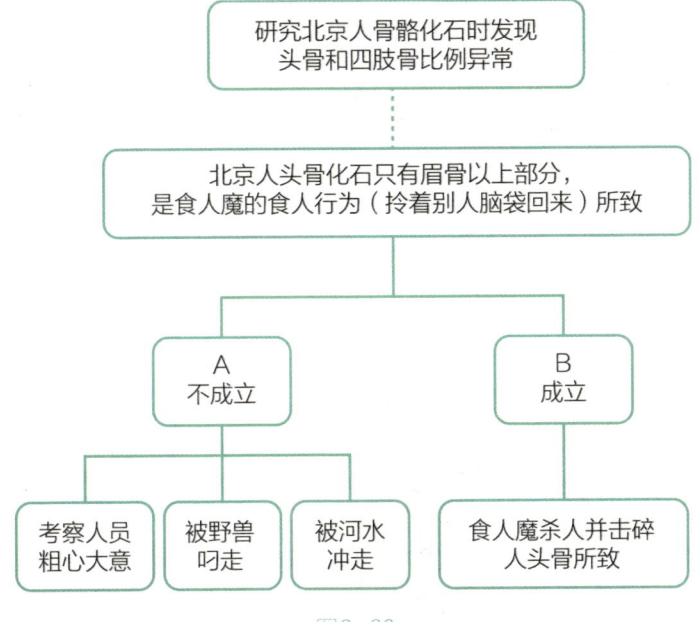

图2-22

图2-23

Tips:

关于表达的工具方法，可以参照图2-24。

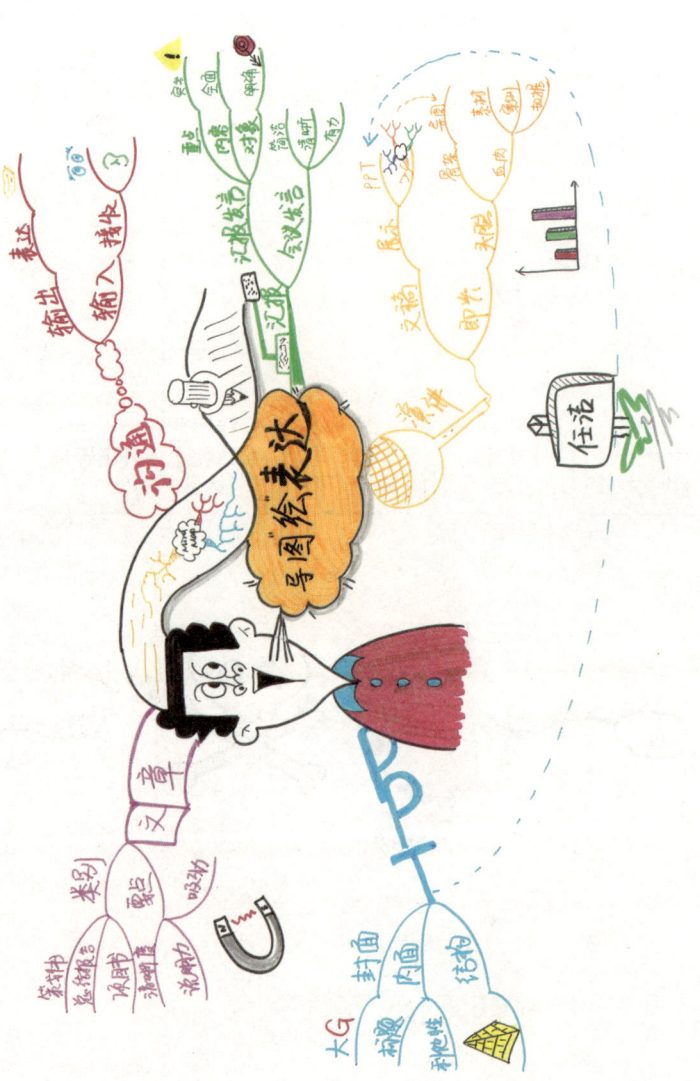

图2-24

便笺学习法

便笺学习法（RIA）的操作步骤：

第一步：确定你要读的是实用类的图书，这是拆书法的适用边界。你读这本书，不是为了通过考试，不是为了拿到证书，不是为了消磨时间，而是为了提升自己某方面的能力，让自己能够解决具体问题，能把所学运用在工作和生活中。

第二步：要求自己用较快的速度阅读（R），遇到书中的理论、建议、观点，或者较难理解的地方，先问自己一个问题——这对我有多重要？如果有用，则放慢阅读速度，细读相关内容。

第三步：拿一张便笺（I），用自己的语言简要重述相关信息，也可以总结自己得到的启发、有价值的提醒，写好后贴在相应书页上。

第四步：对同一个信息，问问自己，有没有经历过相关的事情，或者听说、见过类似的事情。写在便笺（A1）上，贴在便笺（I）旁边。

第五步：规划自己今后可以如何应用。尽量先考虑应用的目标，再写下达到目标的行动。写在一张便笺（A2）上，贴在相应位置。

第六步：通读一本书后，把所有A2便笺拿出来贴在冰箱上，提醒自己日后应用，落实行动。

上文是关于便笺学习法的简要归纳。如果想快速掌握这种学习方法，我们可以在阅读完具体方法后，试着用思维导图的形式把关键词提取出来（具体方法并未完全呈现在上文中），然后把关键词放到相应分支上（见图2-25），以帮我们快速理解，加以学习。

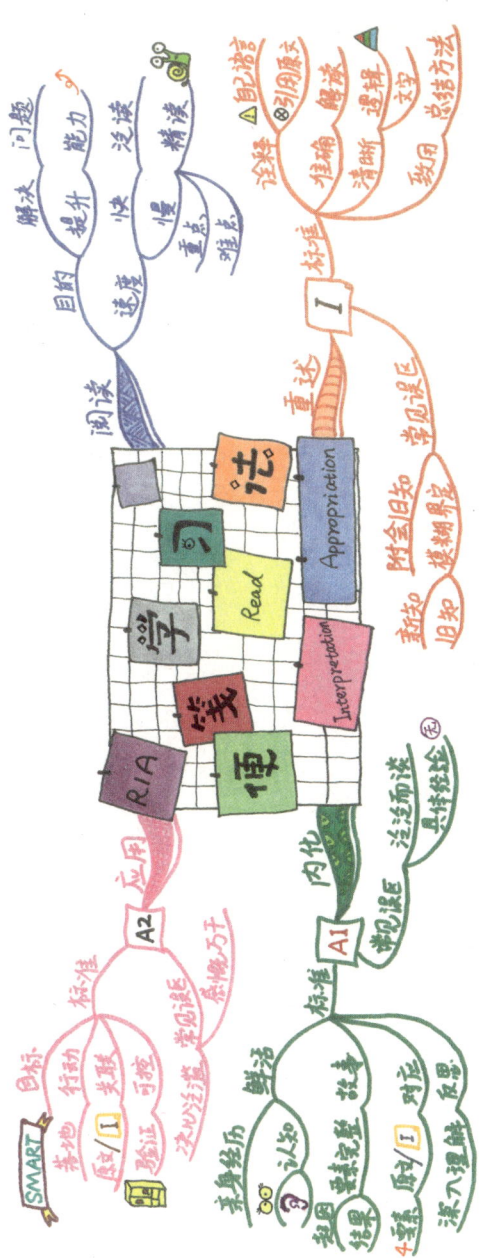

图2-25

变身职场
创意小达人

创新本质
发明 ✗ 创造 ！
提高 ✓ 效率
解决 问题 ？

寻找契机 🔍
机会 PEST
危机 4C

提升质量 〰
激发
摆脱
反向
强关联
借用
概念 提取
增加数量 👣
思考
垂直
水平
BOIs
共创

创新就是用更有效的方法解决问题

　　说到创新，相信很多人都会认为这不是一件容易的事情。想创新的人太多，能创新的人却很少。在职场中，遇到一些问题时，我们总是希望能够寻求一个相对完美的解决方案，这时就需要先有不同的方法，然后在比较中做出最优决策。

　　创新的本质是用更有效的方法解决问题。跳出惯性思维的局限，寻求新的解决办法为企业带来新的价值增长点，为矛盾及问题找到新的突破口，为拖沓冗长的流程设计新的节点，从而提高效率，带来更大的利益，这才是创新的价值所在。

　　在一次创新思维的授课中，有一位学员的案例分享非常准确地阐述了创新的本质。

　　20世纪90年代，国产汽车的技术水平远远达不到国际先进标准。当时，国内一家汽车制造厂商派出代表，想从德国引入一套在德国已经下线的生产线。在谈判过程中，德方给出的报价远远高于我方的预算，双方在价格上僵持不下。

在会议休息期间，我方厂商代表无意中听到德方工作人员在打电话，大意是他们有一批奥迪汽车，在德国境内很难销售出去。当时进口汽车在国内是抢手货，于是我方厂商代表很敏锐地捕捉到了这个机会点，快速与国内领导通电话，把他的计划向领导做了汇报。经领导同意后，厂商代表向德方提出了我方的计划：以相对低廉的价格，把德国本土较难销售出去的奥迪汽车进口到中国，条件是德方同时赠送我方需要的这条生产线。

经过激烈的谈判，最后德方同意了我方的提议。会议的结果出现了戏剧性的变化，本来我方购买生产线的预算都远远不够，现在却用有限的预算，不但进口了一批奥迪汽车，而且采购了我方需要的生产线。

德方为什么会同意我方的计划呢？因为我方替他们解决了一个大问题。用这笔有限的预算，无论是购买一条生产线，还是购买一批汽车加一条生产线，对于我们来说都是可以接受的。对于德方来说，这条生产线已经下线，没有什么价值，他们知道我方非常需要这条生产线，才要价甚高。

同时，那批滞销的奥迪汽车也让他们很头疼。如果能够帮助他们解决掉这个烫手山芋，他们愿意用本来就没有价值的生产线去促成这笔交易。所以，最后双方突破了局限点，跳出了生产线的价格问题，以双方都比较满意的方式达成了一致。这就是我们说的，突破思维屏障，创新可以带来价值！

Tips:

图3-1展示了创新思维的几个要素。

图3-1

机会和危机，都是创新的契机

如何寻找创新点？最直接的做法就是通过观察变化，从中找到创新的契机。创新的契机包含两种。

一种是由变化带来的机会。我们既要把握机会，也要看到机会背后的风险。能够预见机会的风险，才能更好地利用机会的价值。

另一种是由机会带来的危机。危机常常让大家望而却步，但是，危机背后也常常存在着机会，只看到危机，无异于将机会拱手相让。

前几年风靡一时的共享单车，抓住了大众出行便捷的需求机会，喊出的口号是"解决你的最后一公里"，发展势头迅猛。随着各家共享单车平台的推广和人们的广泛使用，越来越多的隐患在后期维护中显现出来，不少街道可以看到随意堆放、倒成一片甚至阻碍交通的车群。共享单车最后变成了食之无味、弃之可惜的"烂摊子"。大家都觉得共享单车做不下去的时候，我们有没有可能在危机中看到机会，并从中获利呢？有些公司就想到，共享单车的问题之一是不方便停放，能不能解决这个问题呢？现在在台湾地区，有些公司正在做的就是"共享滑板车"。滑板车占地面积比较小，又可以像自行车一样便捷地出行。

在欧洲很多国家的街头都能看到共享滑板车。就像照片中（见图3-2[①]）拍到的一样，滑板车占地面积小，停放方便，速度和便

---

① 拍摄于2019年10月，比利时。

捷性也可以。所以，共享滑板车是在共享单车的危机中产生的新主意。

图3-2

在未来，共享滑板车肯定也会出现新的问题。危机中孕育新的机会，机会中出现危机，循环往复，创新点便不断涌现。因此，要善于观察身边的机会和危机，寻找可以创新的契机。

练 习

假设现在全国取消法定假日，改成每周休三作四，会出现什么机会和危机呢？

分析：

图3-3给出了一些思路，你可以再想一下，还有没有其他的机会和危机。

提示：可参考的领域包括政治、经济、社会、技术、合作者、竞争者、客户，以及内部的抱怨。

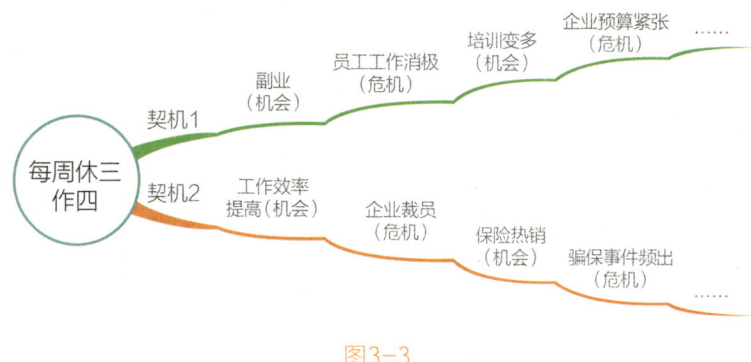

图3-3

如何增加想法的数量

微软曾经做过一项调查：人们在产生创新想法时最大的困扰是什么？80%的人认为是想法的数量太少。

人的大脑是有惰性的。面对一个问题，大脑想出一个答案，就会很兴奋，认为找到了解决方案。如果这不是最好的解决方案，我们就要强迫大脑多想几个，汇成"想法池"。只有当池子里的想法数量足够多时，我们才可以用不同的衡量标准去做筛选，从而在众多想法中找出最科学并相对完美的答案。

Tips:

要增加想法的数量，可以参照图3-4所示的要点。

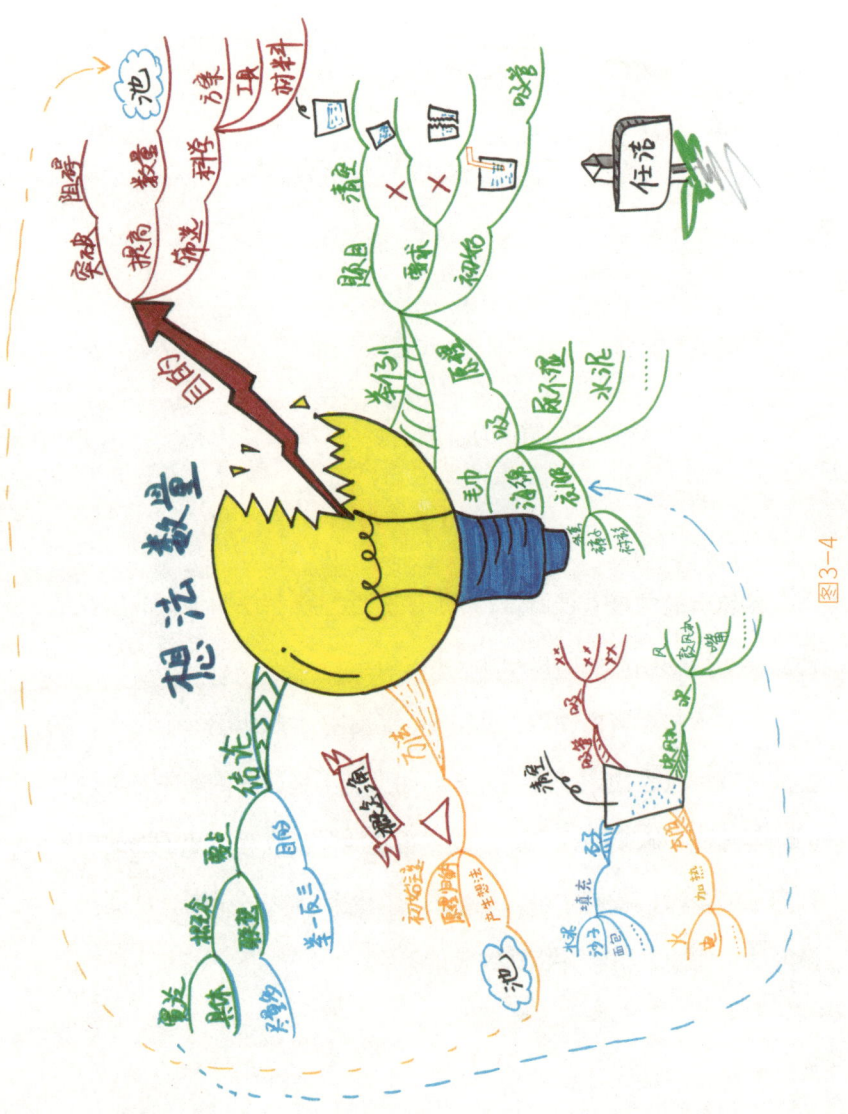

图3-4

🌵水平思考

在选出最优答案的过程中，我们可以启动大脑的水平思考（brain bloom）模式。水平思考，顾名思义，是从一个中心点向四外发散，即发散思维。从一个问题出发，想出不同的解决方案，形成一个"想法池"。之后，我们在这个池子里做筛选。

先来做一个小游戏。有一杯水，请你想想有什么办法可以将水杯里的水清空。有两个限制条件：第一，水杯不能倾斜；第二，不能破坏水杯。

既要符合这两个限制条件，又能够达成这个目标，相信90%的人第一时间会说，吸管！没错，大家头脑中最容易想到的就是吸管了。只要放进去一根吸管，一吸就可以把水吸出来，既不会破坏水杯，又不需要倾斜水杯。那么请问，这是一个完美的答案吗？如果你所在的环境中找不到吸管，也没有东西可以替代吸管，又该怎么办呢？

继续往下想，吸管之所以能够把水杯清空，应用的原理是什么？是"吸"这个动作。也就是通过一个简单的"吸"的动作，可以把水杯里的水清空。那么，还有什么工具、材料可以用"吸"这个动作来达成目标呢？这个时候，大家很自然地就可以想到海绵、纸巾、水泵、针筒等。衣物可不可以？没问题。但衣物是一个大的概念，它包括很多种类，比如西装、衬衫、裤子、袜子、手套等。

可能有人会想，罗列这些有意义吗？都是同一类啊，为什么要做如此细的划分呢？请仔细观察，它们虽然都是衣物，但是也有各自的特点。如果真的用衣物作为工具来清空水杯里的水，你会选西装吗？有人说不会，因为西装的吸水性不一定好。再仔细想一想，这是问题的根本吗？换一个角度来问，请问西装和手套，你会选哪一个呢？相信绝大多数人会选手套。为什么呢？很明显，手套的成本更低，获取更方便，操作也更简单。看到了吗？虽然是同一大类，却因为质地、材料等不同，让方案有了好坏之分。因此，考虑得越细致，你越容易选出更适合的方案。

同样道理，前面提到的海绵、纸巾、水泵、针筒，你会选哪一个呢？我猜你应该不会选水泵。因为第一，水泵造价昂贵，成本太高；第二，水泵操作复杂。接下来，估计你也不会选针筒，因为针筒存在一定的危险，在实操过程中一定要考虑安全问题。因此，海绵、纸巾其实都是不错的选择。

再换一种思路，不是只有吸这一个方法，还可以有其他方法，比如加热、蒸发、冷冻、填充等。如果你能想到这一层，那么你的大脑已经开启发散思维了。

这个简单的游戏告诉我们，对于要解决的焦点问题，我们可以从不同的方向去思考，如图3-5所示。

对于要解决的焦点问题，不同的思考方向就是第一层级的分类，例如前面提到的吸、填充、蒸发等；接下来就可以继续思考第二层级，例如海绵、纸巾、水泵、针筒等。

接着再思考，比如填充。你应该知道乌鸦喝水的故事，所以

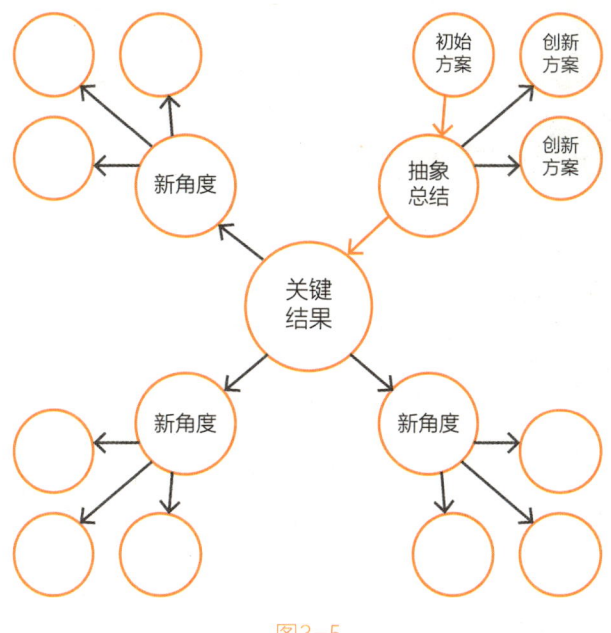

图3-5

如果往水杯里放石子或沙子，水就出来了。那么，可不可以放植物呢？当然可以，比如放一棵绿萝、水仙。填充可以放植物，但是植物也有很多种，这个时候就有了宽泛概念、具体概念和具体主意的区别。填充是一个宽泛概念，填充东西的类别是具体概念，细化成具体某一物品，就是具体主意。

如图3-6所示，通过一个目标，可以发散出宽泛概念，宽泛概念衍生出具体概念，具体概念又可以衍生出具体主意。比如，目标是把水杯里的水清空，宽泛概念是用填充的方式，具体概念是用植物来填充，具体主意是选绿萝做填充物。通过这样的罗列，也可以形成解决问题的思维导图。

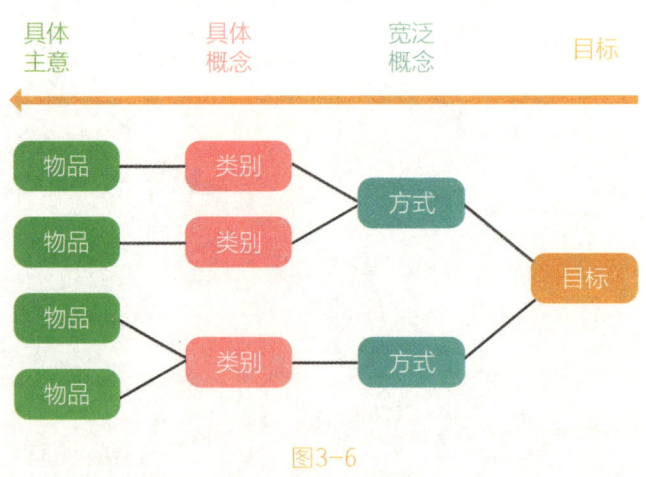

图3-6

水平思考要善于突破思维瓶颈

到这儿是不是就可以了呢？还不是。既然是发散思维，那就需要打破思维的边界，突破思考的瓶颈。试着再想一下，在这道题目中，有没有说水杯多大？有没有说水杯是什么材质？有没有说多长时间把它清空？统统没有。当我们突破了这些障碍，是不是能够激发出更多的想法呢？比如，说到吸的时候，是不是可以找大象来吸？或许有人会说大象的鼻子太大了，放不进水杯，请注意，题目并没有说明这个杯子有多大。所以，当我们做水平思考的时候，请大胆地突破思维瓶颈，让更多的想法变成可能。

假设你要参加一个产品研讨会，可能你准备了三个方案，但在会议开始之前，你一一否定了这些方案：第一个方案成本太高，老板肯定不同意；第二个方案想法太幼稚了，同事会笑话我吧；第三个方案也没有什么特别之处。算了，我还是先听听别人怎么说吧。

你给自己设置了这么多障碍，阻碍了你的想法的产出和表达，创新自然就无从谈起了。

水平思考要追求深度、广度和周全度

水平思考不是漫无目的地做发散。在水平思考的时候，我们追求的是思考的深度、广度和周全度。

举个例子，在五分钟内写出你能想到的铅笔的用途。

如何能够在有限的时间里获得尽可能多的想法呢？我们不妨做一个拆解。

第一个维度：铅笔是由哪几部分组成的？

首先，最里面的铅笔芯主要成分是石墨。那么现在请思考，石墨可以用来做什么？比如涂黑、润滑、导电等。

其次，外面的铅笔杆一般是木头材质的。那么现在请思考，木头可以用来做什么？比如生火、做建材等。

最后，铅笔的最外面会有包装。现在很多酒店提供的铅笔，包装会写上酒店的名字；宜家家居提供的铅笔上也有宜家家居的名字。我们可以称之为"媒介"，媒介的作用有很多，比如广告、宣传、祝福等。

第二个维度：如果有很多支铅笔在一块儿，是不是还能把一支铅笔的用途扩大？比如盖房子、造桥梁、造船、做梯子、做桌椅、做篝火堆等。

第三个维度：如果这支铅笔足够大，又或者这支铅笔非常小呢？小到可以做牙签、钟表的指针……

你看，通过这几个维度，我们又拓展了思考的边界，从而得到更多的想法和主意。

垂直思考

当然，我们也可能会遇到非常棘手的情况，比如面对一个需要解决的焦点问题，我们在做发散思维的时候一个方案都想不出来，怎么办呢？这个时候需要引入另外一种思考方式：垂直思考（brain flow）。

我们来看一组垂直思考（见图3-7）。以手机为源头，从手机想到了抖音，从抖音想到了美食，从美食想到了做饭，从做饭想到了会做好多美味的妈妈，一说到妈妈就想到回家，什么时候回家呢？过年就可以回家了。到春节就可以放假了，一说到放假又想到

图3-7

可以旅游了，要旅游可以去海岛，到海岛上可以游泳、冲浪、晒太阳，不过要做好防晒，还需要面膜……说到这儿，再看一下手机和面膜有必然的联系吗？没有。当你拿起手机的时候，你第一个想到的并不是面膜，通过一系列垂直思考，就能从源头出发，推演出新想法。

这也是垂直思考和水平思考最本质的区别。水平思考的每一个想法都是从焦点出发的，思维仅仅围绕主题展开发散。而垂直思考的推演能形成一个思维链条。所以，当你遇到一个问题没有发散思路的时候，你不妨先开几条通道，在这几条通道里面进行垂直思考，看能否在思维链条中找到问题的切入点。

垂直思考有一个"三相"原则：相关、相近、相反。当我们要解决一个难题的时候，不妨展开三个通道，分别是相关通道、相近通道、相反通道，接下来你要思考的，不是如何直接解决这个难题，而是要想跟这个难题相关的有什么、相近的有什么、相反的又有什么，然后在这三条垂直思考的通道中寻找突破点和切入点，进而找到解决方案。

BOIs

当我们希望通过思维导图的方式激发团队成员群策群力，进行头脑风暴，从而获取更多的创意想法时，有什么好的工具吗？BOIs（Basic Ordering Ideas，可译作基本分类概念）就是一个很好的工具。

BOIs能够帮助我们进行细节思考和关联性思考。使用BOIs，一般有两个步骤。第一步，得出一个新想法，思考它可以归到哪类。第二步，进一步思考这个新想法归到某一类是否为最佳选择，是直接放到这个大类中合适，还是在这个大类后加入一个二级分类，然后放上这个想法合适；或者想想是否遗漏了别的更适合这个想法的大类。在实操过程中一般会用清单法（check list）。既然我们是要和思维导图相结合，不妨做一个变形，把check list变成check map。

周末想请朋友到家里来聚餐，吃什么好呢？就来一场BBQ（户外烧烤）吧。作为主人，你要提前准备食材。一共有十位朋友，需要在去超市采购前拟定十人烧烤食材的购物清单。

食材一般包括肉类、蔬菜类、海鲜类。肉类可以买什么呢？鸡翅。鸡翅肯定是放在肉类里的，那么问题来了，是直接跟在肉类下面，还是先把肉类做一个细分类，分成羊肉、牛肉、猪肉、鸡肉等，然后把鸡翅放在鸡肉的后面？很明显，后者更好一些。

接下来，有人想吃秋刀鱼。秋刀鱼应该放在哪一大类里呢？毫无疑问，放在海鲜类里。海鲜类又分贝类、鱼类、蟹类等，秋刀鱼属于鱼类。新的问题又来了：一般我们烤制秋刀鱼的时候，会在旁边放一块柠檬，用来去腥解腻，请问这块柠檬应该放在哪儿呢？下面有几个选择：

（1）放在秋刀鱼的后面；

（2）放在水果的后面；

（3）放在调料的后面。

第一，柠檬不属于海鲜类，所以不应该放在秋刀鱼后面。另外，如果直接把秋刀鱼和柠檬放在一起，你的思维到这儿就自动画上了句号，因为盘子上一共就两种食材，你把这两种食材都已经写好了，大脑会认为这件事情思考完了，没有再继续深入思考的必要了，以至于不能激发出更多的想法。

第二，如果把柠檬放在水果的后面，这时你会发现，食材分类里并没有水果。接下来你有两种做法：一种做法是再列一个水果类分支，把柠檬写在后面；另一种做法是把蔬菜和水果归成一类，叫果蔬类，果蔬类里面再细分为蔬菜和水果，这就类似于前面讲过的宽泛概念和具体概念。

第三，把柠檬放在调料里面，因为它不是用来吃的，而是用来掩盖鱼腥味的。这时我们又发现，漏掉了调料这一大类，由此，我们补全了这个类别。可以明显看出，后两种选择比第一种选择好得多，因为它们能够帮助我们进行更多的细节思考和关联性思考。

最后画出的思维导图如图3-8所示。

在工作中，我们经常需要做头脑风暴，这时就可以使用BOIs来帮助我们。由思维导图的绘制者把每一个人的想法放在合适的位置上，从而激发团队做进一步的思考和联想。在这里，垂直思考和水平思考得到了综合运用，不但使想法的数量增加了，而且能够让我们从中找出解决问题的切入点，从而获取新点子和新主意，变身职场创意小达人。

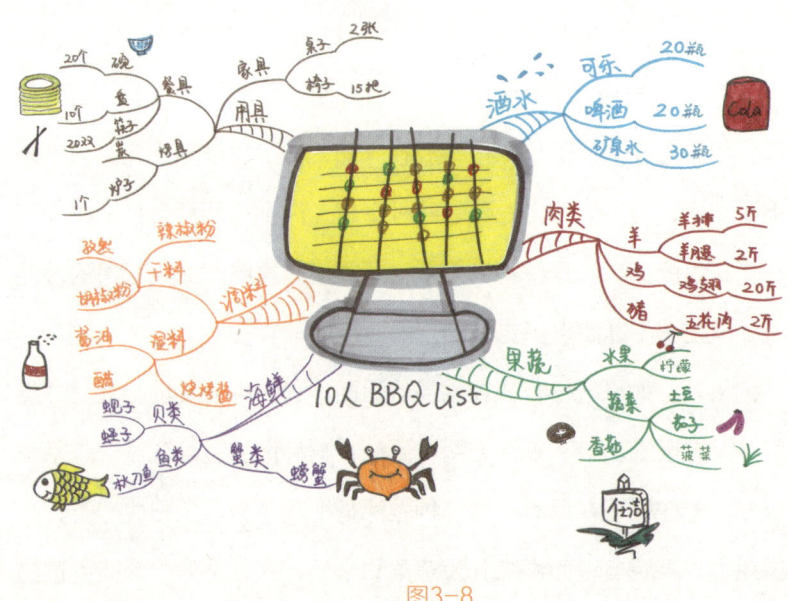

图3-8

下面分享一个企业中的实际案例。

实操举例

有一次我们给一家台湾地区的出版社做项目咨询，出版社的社长上来就问我们一个问题："如何提升纸质书的销量？"这个问题看似简单，其实是一个大问题，因为不是一家出版社面临这个问题，整个出版行业都面临着电子书取代纸质书的危机。

既然是行业问题，我就问这位社长希望用多长时间来解决这个问题。他伸出两根手指对我晃了晃，说："您看两个小时够吗？"天哪！如果我能够用两个小时来解决一个行业问题，那我还真是了不起呢。于是我很诚实地说："别说两个小时，就是两天两夜，我也不一定能找到解决问题的方案。既然这是您的出版社现在面临的一个棘手问题，我们不妨试一试。您可以把各个部门的负责人叫到一起，我们来开一个两个小时的头脑风暴会议，大家集思广益、群策群力，看看能不能找到解决这个问题的方向。"注意，出版社要的是方案，但我答复他们的只能是寻找方向。社长同意了，于是我们召开了一个各个部门负责人的头脑风暴会议。我作为会议的主持人，为会议设计了三个问题，以期通过这三个问题的引导，找到解决问题的方向。

中心图我画了一本书，中心主题就是我的第一个问题，我把它作为大问题的切入点。这个问题是：书有什么用途？大家纷纷打开话匣子，有的说书可以用来学习知识，增长见闻；有的说书可以用来消遣娱乐，打发时间；有的说书可以用来做礼物，馈赠亲友……大家对第一个问题产生出了很多不同的答案，其实这一轮我们做了一轮水平思考，有了在思维导图上的第一个层级。

接下来我提出第二个问题：既然书有这么多用途，那针对书的每一种用途，我们需要考虑书本身的哪些属性呢？大家又就每一个用途展开了深入的思考。举个例子，对于书可以作为礼物，需要考虑的属性有包装、内容、材质、重量、大小、价格等。

这时候我又引导大家，既然把书作为礼物，是否也应该考虑以什么样的方式把书送到对方手里？我们可以亲自把书送给对方；如果是在网上买的书，就可以直接填对方的收货地址，让快递公司送过去；如果是在实体书店买书呢？于是，我们把"物流"这个维度也加了进来。

　　针对第二个问题列出来的属性，大家又开始了进一步研讨。比如书的包装，有人想到，中国人很讲礼节，如果自己买一本书看，简装的就可以，因为主要是看内容，如果用来送人就不一样了，需要"高大上"，所以我们可以把包装做得金光闪闪的，看起来很尊贵、很有价值。这时财务总监说话了："嗯，大家的这个想法很好，但是抱歉，公司没有这笔预算！"财务总监的这句话把我们要解决问题的难度加深了，他的意思是公司只想提高销量，不想增加成本。所以每当有人提到，比如买书送书签、买书送钢笔的建议时，都被否定了。大家又陷入了僵局。

　　这时，我又提出了第三个问题："面对这样的情况，大家可不可以有一些创新的想法，我们给这个问题出一些新点子、新主意！"于是大家开始跳出赠送的局限，积极讨论。有一位领导的建议引起了大家的兴趣。他说，如果在扉页前面加一页，上面印上这样的字样，会怎么样呢？

To:

_____

_____

From:

　　这像什么？是不是像一个信封或者一张明信片呢？不管是信还是明信片，基本都是送给别人的，这就意味着这本书也可以送给别人。从商业设计角度讲，这相当于做了一个消费引导。当消费者走进书店的时候，多数人是要给自己选择一本书，当他看到书前"To"的字样，就很容易想到能够把这本书送给谁。比如我自己不会烹饪，当我翻到一本精美的烹饪图书时，我就会想到这本书可以送给我的妈妈，让妈妈能够做出更美味的饭菜，这就起到了消费引导作用。而且在一本二三百页的书中加这么一页普通的纸，印上两个单词、两条线，成本几乎可以忽略不计。社长听到这个主意以后，同意尝试一下。

于是，出版社在即将出版的书里面选了十几种，在排版印刷的时候把这个创意加了进去。读者在书店看到这样的书，就会询问营业员："您好！我想把这本书送人，请问可以帮我把它包起来吗？"营业员说："我不但可以帮您把它包起来，还可以帮您把它快递出去！"购买书的读者只需要把邮费付好，书就能被送到朋友手中了。在这里，前面提到的"物流"也被用起来了。

在这个过程中，我们通过四步，即排版印刷—线下书店销售—读者购买—邮寄到朋友手中，推动了销售，从而帮助出版社提高了销量。

三个月后，我们再回到这家出版社去做复盘，发现用这种方式做销量提升的书，销量整体提高了30%左右。

Tips:

图3-9列出的要素有助于你增强创新意识。

图3—9

　　在这个案例里，我们用思维导图的形式做头脑风暴会议，在众多想法中找到了解决问题的方向。

如何提升想法的质量

　　前面讲到，创新的本质是用更有效的方式来解决问题，所以，我们要提高想法的质量，也要在这个前提下进行。下面介绍两种创新技术，可以帮助大家打开脑洞，获取更新颖、更奇特的想法。

Tips:

看看图3-10如何帮你提升想法的质量。

图3-10

第一种创新技术：激发

摆脱

摆脱，即取消或者去掉你认为的理所当然。我们的生活中有太多理所当然存在。说到水杯，就想到是用来喝水的；说到铅笔，就想到是用来写字的；说到汽车，就想到是用来代步的……

爱德华·德博诺有一次给一家汽车公司的汽车设计人员讲授创新思维的课程。他问，汽车的轮子是什么形状的呢？这些设计人员想，这个问题真是太幼稚了，汽车的轮子当然是圆形的，否则怎么能够高速运转？

这个时候他提出了一个问题：我们设想一下，如果汽车的轮子是方形的，会是什么样呢？有人脱口而出："那汽车就没办法跑起来了。"于是他又请大家想象，假设一辆方形轮子的汽车在路上运行，会是什么样呢？必然是很颠簸的。颠簸的状态是怎样的呢？一定是一上一下、一上一下。那么，汽车什么时候会上升，什么时候会下降呢？当轮子的尖角朝下的时候，汽车就被顶起来了，当轮子的平面朝下的时候，汽车又降下去了。如此往复，就形成了一上一下的颠簸状态。在这种情况下，我们可以预知汽车什么时候上升，什么时候下降。现在我们回到现实中，汽车的轮子依然是圆形的，但是路面会有颠簸，可能会有突出的小包，可能会有凹下去的小洞，这个时候汽车跑在路面上也会有颠簸，坐在车里的人会感觉不舒服。我们如何通过预测前方路面的情况来减缓车内的颠簸，让坐在车里的人感觉更舒服呢？

设计人员在这样的激发下，摆脱了理所当然，设计出了智能型电子控制悬架系统，让汽车坐起来更舒服，推动了汽车行业的进步。

反向

反向，就是做与常态相反的思考。看看图3-11中的雨伞，它就是利用了雨伞收合方向的反向，更好地克服了雨伞带来的不便，比如：撑伞的时候要先走到门外，收伞的时候会弄湿衣物，等等。

图3-11

🌵第二种创新技术：借用

鲁班偶然在山里被一种锯齿状的草割破了手指，联想到把锯齿用在锯木头上，于是发明了锯子。同样，我们在产生创意的时候也可以使用"借用"的思考方式。

要使用"借用"的思考方式，首先需要有一个借用源来帮助我们产生不一样的想法。这个借用源可以是一个物体，可以是一个事件，也可以是一个词语。寻找借用源的原则是与要产生的想法越不相干越好。正如鲁班发明锯子，他没有在传统的木工工具中获得灵感，而是在一次意外的事件中找到的灵感。那株带有锯齿的草，就是借用源。

如何寻找借用源呢？可以翻开你手边的书随便指一个词，以这个词为借用源展开联想；或者出去走一走、转一转，看看大自然中的景色，指定某一个景物作为借用源；也可以在和朋友的某一次聊天中，偶然捕获到一个可以激发灵感的借用源。总之，原则就是借用源与产生的想法之间的关联性越弱越好。

比如，如果想设计一间创意办公室，我们随手抓取了一个借用源——灯泡。接下来要思考的就是灯泡本身具有的特性都有什么，比如发光、发热、颜色、电源、形状等，然后将每一个特性和我们要设计的主题"强强关联"（见图3-12）。

从颜色能想到什么呢？比如我们在办公室的设计上可以做颜色的分区：财务部用冷静的蓝色，销售部用火热的红色，人事部用温

图3-12

暖的黄色，等等。同样，由电源能想到什么呢？可以在室内设置具备无线充电功能的材料，电脑、手机随时随地都可以充电。那么，从形状上可以有哪些创意呢？办公室的房间不一定是规规矩矩的方形，可以是圆形的，也可以是弧形的，等等。

Tips:

图3-13所示的要素提示了如何让创意落地。

图3-13

·第四章·

让会议
变得高效

·第五章·

瓦解工作中
的难题

多维思考：统筹全局，直击要点

　　在一场会议中，如果你想统筹全局、把握关键，那么，思维的深度、广度和周全度缺一不可。要达到这样的高度，是有一些工具和方法可以借鉴的。多维思考就是一个很好的方法。

　　多维思考有几种方式，在会议进行时，所有与会人员在同一时间只能用同一种思考方式进行思考，从而避免想法、意见杂乱无章，让大家快速达成统一的决策，进而大大提高会议效率。那么，多维思考都有哪些方式呢？

客观思考

　　客观思考的代表色是白色。说到白色，大家能够想到纯净、干净。客观思考表示思考和表达的内容是客观的数据、事实、信息。

我们做会议讨论的时候，可以先梳理本次要探讨的课题或者项目客观存在的数据信息是什么。比如对于一个项目，我们要先看一下它的周期是多长，投入的人力、物力成本是多少，项目的节点都有哪些，何时做复盘，客户目前对这个项目提出的质疑和需求都有什么，等等。这些能够让我们很好地了解这次会议的议题背景，便于开展下一步讨论。

当启用客观思考的时候，应引导与会人员尽量详细、客观、量化地阐述内容，说明具体的日期、金额、时长、个数等是最好的，这样可以让大家充分了解会议的背景信息，节省互相询问和了解的时间，以最快的速度切入会议主题。

🌵 主观思考

主观思考的代表色是红色。红色很容易让人想到火热、热情、激情。当开始主观思考的时候，需要大家有激情、有想法。要鼓励大家通过头脑风暴直接说出自己的态度、想法、观点、判断等，至于做出这个判断的理由，不用阐述出来。

每次请大家启动主观思考的时候，需要规定发言时间，原则上每个人每次发言不能超过半分钟。为什么要做时间规定呢？这是为了避免会议发展成诉苦大会或抱怨大会。如果不控制时间，大家的情绪宣泄不能得到控制，很容易就会出现这样的情况：一个人说这个项目之所以进行不下去，就是因为上级不给力、跨部门的同事不配合、下级无法胜任等。到时候大家互相抱怨指责，不利于会议的开展，更难达成统一决策，会议的走向就不好控制了。

主观思考环节可以多次启动，但不建议连续使用。根据现场情况，在理性思考和感性发言之间切换，往往能收到比较好的效果。

另外，主观思考还有一个很重要的作用，就是帮助做决策。其实，人们多数是依据主观感受来做决定的。理性、客观的数据固然很重要，需要参考，但是最后敲定的那一刻，一定是右脑最兴奋、最活跃的时候。所以，在会议最后的阶段，可以启动主观思考来达成决策。

⚘ 管 理 思 考

管理思考的代表色是蓝色。蓝色寓意稳重、冷静。一说到蓝色，我们很容易想到蓝天大海，广阔、平静、包容。管理者正需要这样的思考方式。在会议中，主持人的角色就是会议的管理者。一般会议从开场主题、时间、背景的介绍，到过程中的引导、记录、切换、计时等，再到最后结束时的会议总结、任务安排、决策宣布等，由主持人贯穿全场，安排整场会议的时间控制、焦点确定、技巧选择等。

主持人还有一个非常艰巨的任务，就是在会议前为与会人员预告会议内容，请大家预先做思考和方案。这样，可以在会议研讨时节约时间，加快会议节奏。而且，主持人还需要在会前制定出整场会议的流程方案，确定会议时长、思考顺序、思考时间、问题引导等，尽量在现场根据流程方案推进，确保会议高效顺利进行。如果遇到突发状况，主持人应随机应变，快速切换思考方式和顺序，让与会人员都能在被充分尊重的前提下，积极参与，尽情表达，不跑题不偏题，不争执不冲突，在相对理性、和谐的氛围中快速找到问题的答案、统一的决策。

正面/负面思考

正面思考的代表色是黄色，负面思考的代表色是黑色。

一枚硬币有正面和反面，同样，任何一件事也都有正反面。有朝向阳光的一面，可以让我们看到积极、乐观、向上的内容，也有躲在阴影里的消极困难的一面。在这里，我们用黄色代表阳光积极的一面，用黑色代表阴暗困难的一面。

正面思考和负面思考总是成对出现，因为它们两个也是互补的。

启动正面思考，我们要思考的是正向的价值、利益、好处。这个项目可能给公司带来的利益是什么？可能给个人发展带来的前景是什么？可能给团队创造的好处是什么？这些都是积极正向的一面。

启动负面思考，我们要面临的是问题、困难、风险。要注意，这里不仅仅指目前能够看到的问题、困难，还应包括潜在的问题、困难、风险，这样才能保证思考的周全。

在会议中，一般给这两种思考方式的时间是相等的，让大家以公平的时间来面对收获和困难，对正向因素和反向因素做相等的考量。当面对一个总体价值很好的问题时，多数人会非常容易想到正向的收获，却很难挖掘出负向的困难，但这并不代表没有困难。所以，要对这两个方面进行充分且对等的探讨，保证思考的完善。

🌵 创新思考

创新思考的代表色是绿色。绿色代表万物生长、蓬勃发展。创新思考，顾名思义，需要的是创意、新想法、新主意、新出路。在高速发展的智能时代，创新是对每一个人的要求。一再用过去的方法来处理现代企业中的问题，有些已经行不通了。即使可以用，效率太低，也跟不上企业发展的节奏。同样，现在很多岗位正在逐步被智能机器替代，大家在深感危机的同时，也在积极寻求新的出路。这就要求我们每一个人都要有创新精神和创新意识。

在会议中，当我们启动创新思考的时候，多数时候是为在负面思考时发掘出来的问题、困难、风险，找到新的解决办法、新的解决途径。（具体的思考方法可以参见第三章的内容。）

多维思考在会议应用中，不是一种思考方式只使用一次，也没有特定的顺序规定，可以根据每一次的主题和会议时间的长短，由主持人来决定技巧的使用顺序和时间。

　　把多维思考工具用思维导图的形式呈现，如图4-1所示，从中心分出六个一级分支，分别代表六种思考方式，二级分支就是我们在用某种方式思考时梳理出来的各类信息。这样，让讨论的内容可视化，一目了然，能够保证会议始终围绕焦点问题进行。

图4-1

　　值得一提的是，绿色和黑色之间有一个跨分支的关联符，意味着我们要用创新思考为负面思考产生的问题、困难、风险找到建议和方案。

　　如果你是一名管理人员，在面临发展问题的时候召开会议，快速搭建规则，带领大家找到解决问题的方向，为下一步行动制定方向和步骤是非常重要的。此时把多维思考和思维导图相结合，再借助一些思考工具，将讨论全过程可视化呈现，能让与会人员的思维得到很好的梳理，使思考方向更加明确，进而让大家思路一致，并不断推进会议进程。在这样的会议中，会议纪要不再由一个人记在小本子上，而是由会议主持人直接呈现在大家都看得到的白板或屏幕上，每个人的想法都可以迅速整合到思维导图上，从而激发团队其他成员的灵感。如此有序又快速的思考方式，能够帮助会议提高效率。这样的思考格局，你也可以拥有！

头脑风暴：利益共享，合作共赢

一千个人心里有一千个哈姆雷特。在数百场思维导图培训中，我发现即使是学员初学思维导图，在大家接收到相同规则、相同主题的情况下，每个人绘制出来的思维导图也是各不相同的。就像世界上没有两片相同的叶子一样，世界上也没有两幅相同的思维导图。

大脑是有个性的，对同一个问题，每个人都有自己的看法。大家在会议中集思广益，对同一个议题展开深入的谈论和思考，从中找到最佳解决路径，这就是头脑风暴。

会议的引导者要鼓励所有与会人员积极思考，多多发言，勇于说出自己的看法。引导者在整个会议中不批评、不打断，尽力营造融洽轻松的会议气氛，让会议有序而高效地进行。

一般一场头脑风暴会议，参会人数10~15人，会议时间20~60分钟，会议时长主要由会议的主题和探讨的深度决定。会议开始之前需要确定一名主持人、一名记录员和一名计时员，如果会议的规模较小，也可以由同一人来担任。公司领导或CEO在会议中，可以以旁观者或观察员的身份参与，做到不否定、不参与、不发表意见，以免影响会议的自由讨论氛围。

会议开始时，会议主持人就本次会议的议题提出几个开放性的引导问题，让大家自由思考、发散思维，尽量多说出自己的看法。在不受任何限制的情况下，集体讨论问题能激发人的热情，每个人都积极发言，互相影响、互相感染，容易突破固有的观念和思维的束缚，最大限度地发挥创造性的思考能力。当然，在这个过程中也可以引入竞争机制。在有竞争意识的情况下，每个人都积极主动地拓展思维，以激发有独到见解的想法。领导作为观察员，要观察过程中每个人的表现，记录有价值的想法，最后做总结性发言。

我走访过很多企业，也参与过很多企业的内部讨论和会议。我发现绝大多数企业在开会的时候是"一言堂"：领导一个人在说，其他与会人员默默地听，最后多数是以领导的意见为最终的决策。如果用头脑风暴的方式召开会议，则效果完全不同，因为头脑风暴会议提倡让每一个人畅所欲言，互相激发和鼓励。而且它禁止批评，对别人提出的任何想法都不能批判、驳斥，比如"这根本行不通""你的想法太陈旧了""这是不可能的""这有悖于××理论"等。同时，有不少人在会议发言时，都会先说一句"我提一个不成熟的想法""我有一个不一定行得通的方案""可能我说的不对"等，这些语句不要出现在头脑风暴会议上。这样，与会人员才能充分放松心情，集中全部精力开拓思路。

　　我们在一次思维导图爱好者的聚会上，探讨过这样一个问题："如何让成年人不认为思维导图是画画或美术作品"。当时，我们就用头脑风暴的形式展开了讨论。

　　会议开始，主持人先抛出了他设计的第一个问题：为什么在使用思维导图的时候，需要用手绘来做现场演示？这个时候大家想到了用手绘做现场演示的很多好处：可以很灵活地做记录，可以很快呈现全部内容，可以在很多领域融合大家的想法，可以在现场收到很好的反馈……尽管用手绘做思维导图有这么多好处，但是也会带来一个负面问题，就是很多人认为自己没有学过美术，不会画画，所以对思维导图望而却步。那么，如何扭转大家对于"成年人认为思维导图是画画或美术作品"这个误解呢？我们针对这个问题做了深入的探讨。

　　我们发现，在成年人里面，大概有50%的人会对这个问题有偏见，他们的偏见对自己的影响就是阻碍了对思维导图的学习，放弃了一个很好的思维工具。进一步探讨，为什么他们会有这样的偏见？我们发现不少人对思维导图的底层逻辑没有深入和全面的了解，只看到最后的呈现形式，误以为绘制思维导图需要很深的美术功底，必须画得漂亮才可以。找到了原因，该怎么打消他们的顾虑呢？我们可以向他们展示我们平时在工作中实际应用的一些思维导图，告诉他，思维导图需要思维先行，绘画只是一种呈现形式，哪怕没有很强的绘画能力，也并不影响思维导图的使用效果。大家畅所欲言，最终形成了如图4-2所示的思维导图。

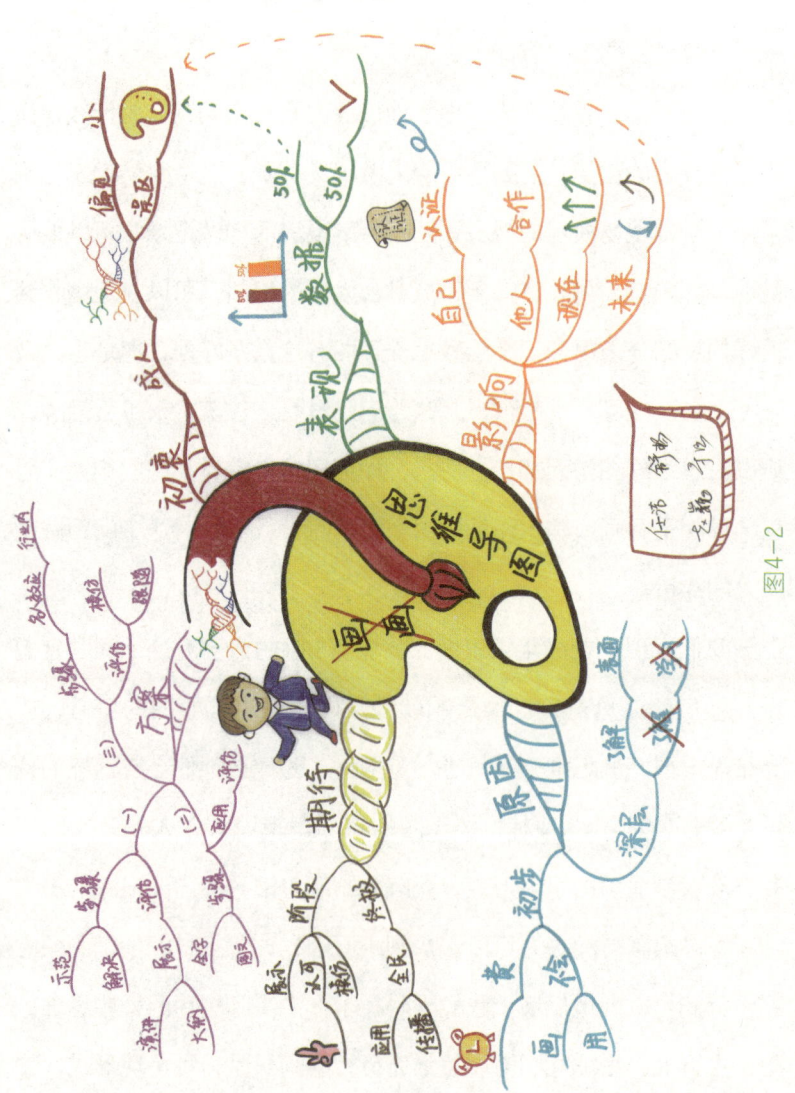

图4-2

　　不管是会议的组织者、记录者还是观察者，都可以利用思维导图，把整场会议的流程、内容及成果做记录和可视化呈现。在这个过程中可以进一步发现问题，进一步激发和引领与会人员的思路，从而高效地达成会议成果。

世界咖啡：深度汇谈，引导激发

　　世界咖啡起源于20世纪90年代。当时，有一家美国的管理咨询公司经常举办创新型论坛，为此他们创造了一种新的会议形式。每次参会者大概20人，为营造轻松、有活力又充满生机的氛围，会场通常会布置成咖啡馆的形式：有三五张小圆桌，桌子上铺着白色的桌布，浓浓的咖啡香味很诱人，也让人非常放松。在会议中约定"异花授粉"的跨界交流机制，包容多元化的背景，以鼓励与会人员聚焦问题、脑力激荡、促进创新。

　　世界咖啡中有三个主要的角色：主持人、桌长、组员。主持人要公示研讨的主题，提供操作的流程，做最后的总结分享。桌长要组织本桌组员积极分享，推动研讨的进程，并掌控每位组员发言的时间。每桌组员可进行轮换，新来的组员可对小组已有的讨论结果做补充发言，提出逆向思维或突破性问题。在讨论过程中，桌长需要记录组员发言的核心内容，并以图文结合的形式呈现出来。

　　无论是思维导图还是世界咖啡，都体现了图形与文字的结合，强调用视觉化的冲击引导大家发散思维，进行脑力激荡。通常组内讨论的时候，桌长会拿起笔，在白色的桌布上把每一位组员的想法记录在思维导图上。大家围绕着一张桌子，也就意味着围绕着一幅思维导图共同探讨，从而让观点更加鲜明，思路更加清晰。

　　前面提到，每桌的组员是可以轮换的，这个环节在世界咖啡中叫"自由流动"。在第一轮组内讨论时，除桌长外，其他组员可以自由流动到其他桌，参与其他组的讨论。由桌长给新来的组员介绍本组的研讨成果，新组员进行补充，丰富研讨成果。在自由流动的过程中，大家的想法可以互相链接，深入挖掘。最后各组员回到自己最初的组内分享研讨成果，完善思维导图。

　　一场世界咖啡研讨下来，每一张桌子上都会有一幅内容丰富、极具深度和广度的思维导图研讨成果。不但有价值，而且很高效。

· 第五章 ·

瓦解工作中
的难题

· 第六章 ·

思维导图
绘制规则

在职场上，我们每天都是在"发现问题—分析问题—解决问题"的循环中度过的。衡量企业竞争力高低的一项很重要的因素，就是这家企业的员工解决问题的能力如何。面对问题，有清晰的思路、科学的方法，能快速分析问题并解决问题，是每一名职场人士必备的技能。

接下来我们看一下，当你遇到一个复杂情况的时候，如何抽丝剥茧，拆解关键事项；当把状况都分析好了以后，如何能够做出理性分析及科学决策；如何用思维导图助你呈现完美的解决方案。

抽丝剥茧，找出关键

面临一个纷繁复杂的情况、一个很难解决的问题，我们首先要思考的是，如何把复杂状况化繁为简。这就需要拆解关键事项。

第一步，列出威胁与机会，分析出利益相关方都有哪些。思维导图的中心图就是要解决的问题，一级分支是分类的各个方面，比如相关的人、相关的事情、要做的工作，或者客户方、公司方、第三方等。分类的维度不同，意味着我们后面分析问题的角度不同。接下来，在二级分支里把相关的关键事项放上去。

第二步，做排序。可以从重要性、紧迫性和发展性这几个维度对二级分支中列出的事项做优先级排序。可以先列一个表（见表5-1）把关键事项分别列出来，纵向是关键事项，横向是三个维度——重要性、紧迫性和发展性，每一个维度按1~10分打分，团队探讨的时候给关键事项打分，总分最高的事项一定是需要首先解决的。

表5-1

关键事项	重要性（1~10分）	紧迫性（1~10分）	发展性（1~10分）	总分
事项一				
事项二				
事项三				
事项四				
事项五				
事项六				

第三步，直接在思维导图上用数字的形式把序列标出来（见图5-1）。这样我们一眼就能够看出对于这个难题，有哪些事情需要做，要按照什么样的顺序去解决。

当然，相较于数据表格，我们更推荐用思维导图做状况分析。因为思维导图的中心图是要解决的问题，当你在分支上列出关键事项的时候，你要紧紧地围绕这个中心主题去做，这样就不会偏离主

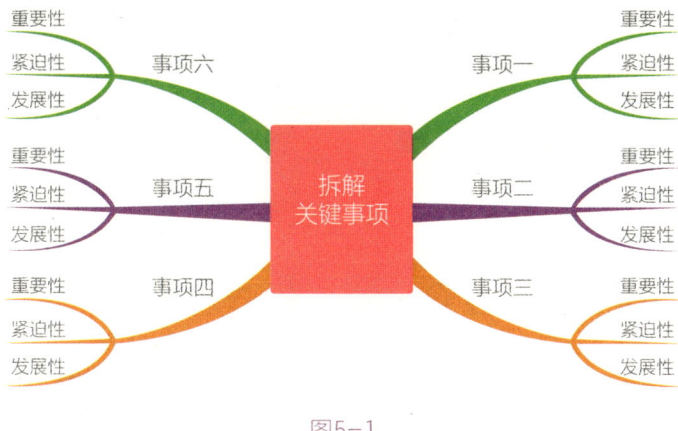

图5-1

题，从而保证既高效又全面地对问题做出分析。

Tips：

图5-2提示了界定问题的基本要素。

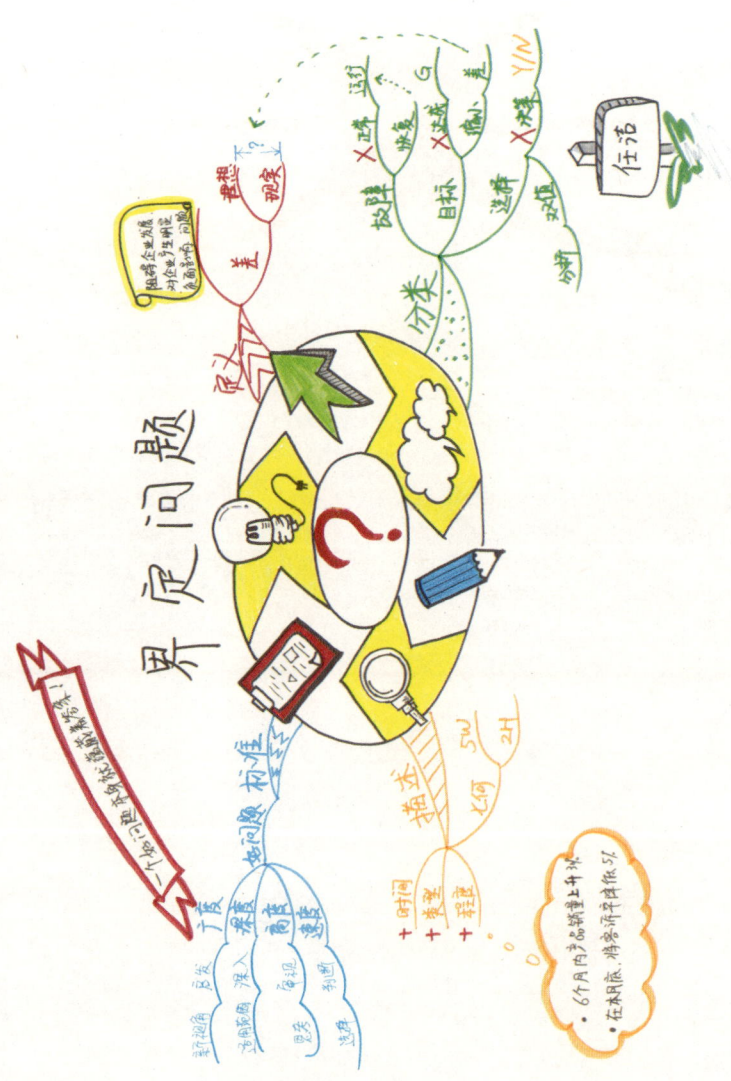

图5-2

理性分析，科学决策

🌵清晰地描述问题

要解决问题，首先要对问题做清晰的描述，问题描述不清楚，解决问题的方向也会不精确。一般我们可以用5W2H这个模型做问题描述。5W2H模型包含七个维度：what、who、why、when、where、how much、how（见图5-3）。

🌵判断问题的起因

描述清楚问题以后，我们就需要运用差异和变化来判断可能的起因。差异是事物本身属性的不同，不会随着时间的变化而变化，是静态的；变化是随着时间推移产生的改变，是动态的。举个例子，图5-4所示的是差异，图5-5所示的是变化。

对于差异，我们主要从事物本身属性的不同入手，这时候问题可能更多源于事件本身具有的属性。对于变化，我们需要经过一段时间观察才能得到。对于一些简单的问题，我们找到了原因，也就意味着找到了解决方案。对于一些复杂的问题，我们找到原因以后，还要做进一步方案制定，才能最终解决问题。

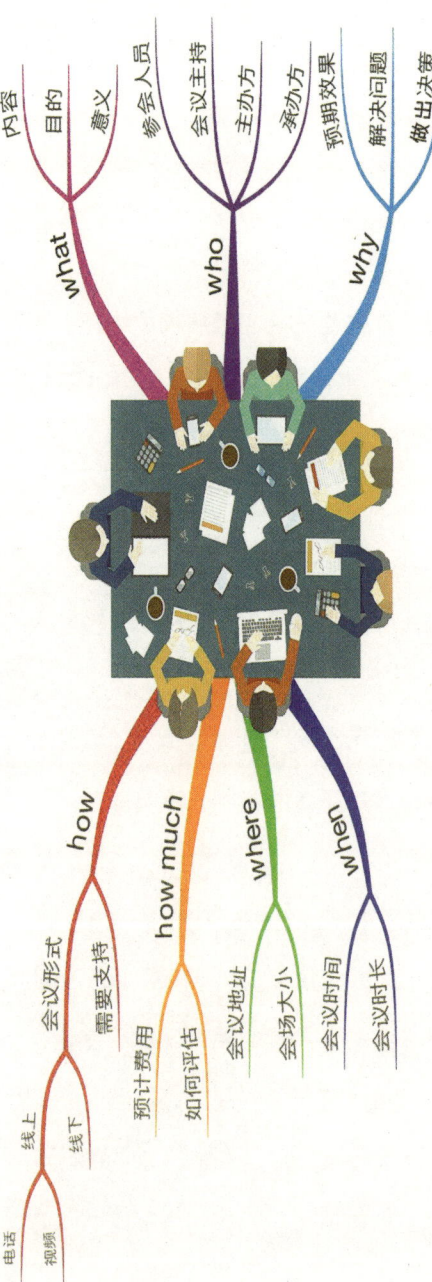

内容　目的　意义

参会人员　会议主持　主办方　承办方

预期效果　解决问题　做出决策

what

who

why

会议形式　需要支持

预计费用　如何评估

会议地址　会场大小

会议时间　会议时长

how

how much

where

when

线上　线下

电话　视频

图5-3

图5-4

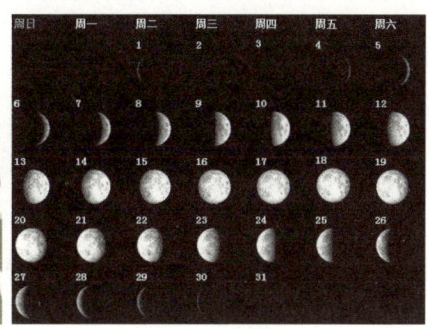

图5-5

🌵制定最佳的解决方案

当一个问题有几个不同的解决方向时，如何筛选出最科学的方案呢？可以运用量化指标做筛选。这里要先明确两个名词：一个是必备型目标，一个是愿望型目标。以目标为基准，用必备型目标删除不匹配的方案，用愿望型目标比较可选方案。即在满足必备型目标的前提下，越接近愿望型目标的，就越是科学的方案。当然，即使是通过理性分析、量化考核得出来的方案，也不可能十全十美，我们要对目标做进一步分析，找到实现目标的过程中可能存在的风险或缺陷，完善这个方案。以上方法可以参考日本的下地宽也所著《逻辑思维，只要五步》（见图5-6）。

Tips:

科学决策的要点如图5-7所示。

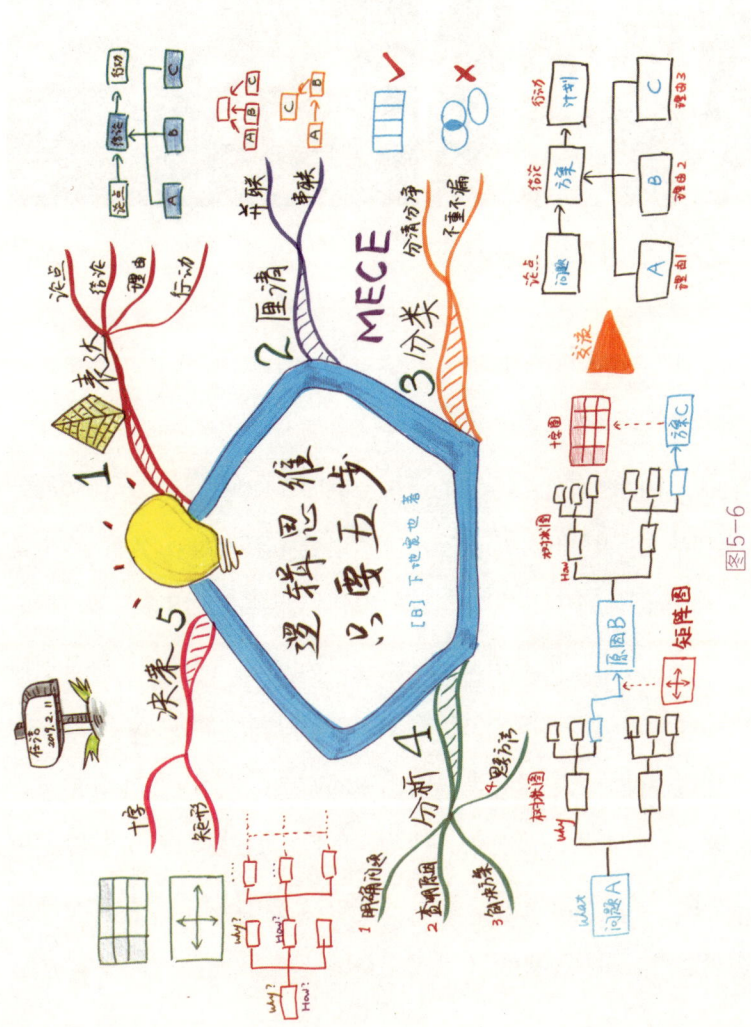

图5-6

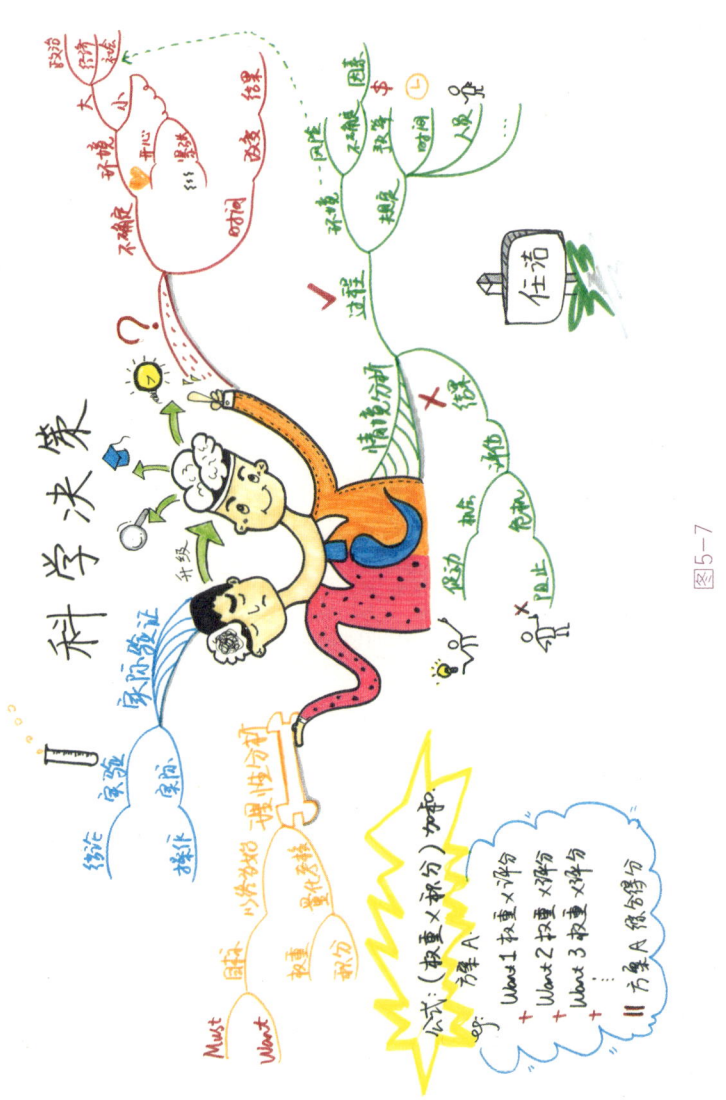

图5-7

导图呈现，一目了然

要把瓦解难题的整个过程记录下来并清晰呈现，没有比思维导图更合适的工具了。每一个步骤都可以形成一幅思维导图，不同团队的探讨可以形成不同的思维导图，拆解和分析的过程可以形成思维导图，最后的总结方案也可以形成思维导图。

思维导图在分析过程中可以帮助团队更好地梳理逻辑、发散想法、激发创意。每一个层级都是更具体的一次分解，每一条分支都是一次思维的流淌，每一个关键词都是一个主意的概括。

在向别人讲解解决问题的方案时，用思维导图的形式不但新颖，而且直观。说得轻松、听得明白、记得牢固是我们希望达到的效果。大家可以在一幅图里看到思维的脉络及最后的方案，如果有不同意见还可以及时补充进去，这将大大提高分析问题、解决问题的效率。

Tips:

图5-8总结了解决问题的方法及步骤。

图5-8

· 第六章 ·

思维导图
绘制规则

之所以把思维导图的绘制规则单列一章，是因为在职场应用思维导图时，虽然不讲求思维导图绘制的艺术性，但还是要注意思维导图的绘制规则，这些规则其实更多来源于思维导图原理。从原理出发，了解规则，才能更好地使用思维导图。接下来，我们通过一幅思维导图来学习一下思维导图的绘制规则（见图6-1）。

图6-1

思维导图的六个要素

图6-1从六个维度介绍了思维导图的绘制规则，分别是中心图、线条、关键词、图像、颜色和结构。按照思维导图的解读规则，我们从右上角的第一个分支按顺时针的方向来解读。

⚘ 中 心 图

当我们欣赏一幅思维导图的时候，首先映入眼帘的一定是位于画面中心位置、醒目的中心图。中心图是整幅思维导图的中心，呈现了思维导图的中心主题。解读出中心图和中心主题的含义，也就知道了这幅图的主旨含义。在附录Ⅲ "思维导图评分标准（中英文版）"中也可以看到，中心图的得分标准是 "有魅力且引人入胜"。图6-1的中心图是博赞先生的侧影。博赞先生说过，思维导图就像是人类的智慧之花。我们的头脑中会有很多不同的想法，所以在博赞先生的大脑位置，我们用色彩斑斓表示有很多不同的想法在里面。

中心图面积最大，色块饱满，颜色鲜艳。面积最大是多大呢？一般占整个构图的1/9。如果在一张A4纸上绘制，大概有一张银行卡大小。如果在一张A3纸上绘制，基本上是一个成年人手的大小。对颜色有什么具体要求呢？一般至少有三种颜色，红、黄、蓝三原色是最好的。而且，中心图还需要有文字以说明中心主题，即要图文结合，从而让读者更加明确这幅思维导图的中心主题。

进一步讲，博赞先生认为思维导图带给大家的应该是愉快的、开放的思考。所以，中心图里如果可以融入诙谐幽默、卡通动感的元素，就更棒啦！

图6-2中是一些通用的中心图模板，这些模板又被称为"万能模板"，因为它们适用于任何主题的思维导图。我们只需要在这些模板中加上主题文字就可以了。

图6-2

来看一下图6-3，虽然这幅思维导图的各个分支还没有呈现出来，但是中心图就能让人对要讲的主题一目了然。这种有具体图示的中心图，能直观地呈现主题，让人从图形上就能大概明白作者要表达的内容。

图6-3

色彩可以帮助我们缩短对信息的搜索时间，便于我们区分和理解信息内容，增强记忆效果。

如图6-3所示的"垃圾分类"的中心图：绿色代表环保循环，所以是"可回收物"；红色代表危险警示，所以是"有害垃圾"；蓝色代表"湿垃圾"；黄色代表"干垃圾"。在中心图中，用颜色和图形传达中心主题是最直观、最便捷也最引人入胜的方法。

当然，不用这样的模板或示意图，只用简单的线条勾勒一个大致形状，再加上主题文字，也可以算作中心图。记住，艺术性是次要的，关键是呈现的内容要准确清晰。

线条

思维导图的线条由两部分组成：一部分是与中心图相连的主干，即一级分支；另一部分是与主干相连的其他次级分支。思维导图的结构类似于人类大脑的神经脉络，所以这些线条也就像神经一样，从一个中心节点呈网状向外发散。每一个层级的线条都以上一层级线条的末端为中心节点。线条从里到外呈由粗到细的变化趋势。每一条线都承载一个关键词，如果一条线上没有关键词，那这条线也就没有存在的意义了。

正是由于思维导图取法自然，所以用起来毫不费力，只需要把我们头脑中的想法顺着思维的层级推出来就好了。

我们的大脑分为左脑和右脑。左脑叫逻辑脑，主管科学、运算、分析、推理等；右脑叫情感脑，主管想象、记忆、颜色、图形等。只有左右脑充分配合，才能调动大脑的主观能动性，让其飞速运转起来。思维导图中的关键词，主要取决于左脑的理性分析和逻辑安排；思维导图中的图像，主要取决于右脑的图形呈现和丰富想象。思维导图中的线条把关键词和图像连接了起来，也就是把我们的左右大脑打通并建立了通道，从而让大脑中的信息像在高速公路上一样飞驰起来。

关键词

在思维导图中，每一根线条上的关键词都是我们通过理解、思考而提炼、总结出来的，能帮助我们快而精准地传达信息。

什么样的词才是关键词呢？

关键词被喻为大脑内部信息提取时的"搜索引擎"，它是一段话中最具概括性和总结性、能够快速唤起大脑记忆和联想的词语。关键词的精准提炼能够帮助我们提升思考的深度、广度和周全度。

关键词与关键词之间是有不同的逻辑关系的，比如同一层级的关键词可能是并列或序列关系，上下层级的关键词可能是承接、递进等关系。

关键词最好不超过四个字，而且关键词多数是名词、动词、数量词，一般不用形容词和副词，除非这个形容词或副词有着不可替代的重要含义。如果遇到四个字无法表达的情况，我们可以把多于四个字的关键词放到图形中来表示。

关键词的位置不同，表达的意思也不一样（见图6-4）。

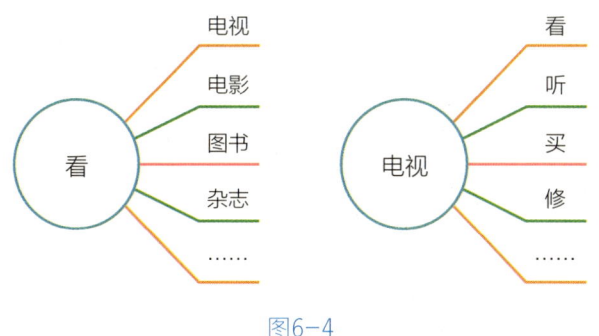

图6-4

随着层级的延伸，关键词的呈现形式也是由大到小的。比如做一幅全英文的思维导图，在一级分支上的关键词，所有字母都大写，在二级分支上的关键词，首字母大写，在三级分支上的关键词，所有字母都小写，而且越到后面，字号越小。

前面讲到了线条和关键词。其实这两个要素是思维导图的灵魂：线条承载关键词，显示出逻辑关系；关键词站在线上，显示出分类的类别。那么，线条和关键词是如何配合的呢？

博赞先生说，他的思维导图灵感来自普通语义学。什么是语义学呢？

简单来看，语义可以分"语"和"义"。在思维导图中，"语"可以理解为语意，即关键词；"义"可以理解为语法，即结构。思维导图中的线条搭起结构，承载关键词形成语法，进而传递出绘图者要表达的语意。由此可见，线条和关键词是思维导图的骨干和血肉。只有线条和关键词紧密相连，合理搭配，一线一词，才能呈现出准确又完美的思维导图。

🌵 图像

图像分为两个部分：第一个是中心图，前面已经讲过了；第二个是插图，比如前面说的多于四个字的关键词放在图形中，这种图形就属于插图。插图的作用是提示重要信息，引起读者的注意，所以插图的颜色最好与其所在的分支撞色，以突出重点，强化视觉上的冲突和对比。插图一般比中心图小，和它所在分支的关键词的大小差不多。我们在绘制插图时，应力求用最简洁的线条表达最丰富的内容。

大脑对于图像的感知度远高过对文字的感知度，相对于文字来说，大脑更喜欢图像和颜色。除了多于四个字的关键词，其余关键词也是可以用插图来呈现的，这也体现了思维导图可视化的特色。在一幅思维导图里面，一般用十幅左右的插图是比较理想的。

颜色

既然有图像的运用，那肯定也少不了颜色的搭配。颜色主要分四个部分。第一是中心图的颜色，前面已经说过了，在此不再赘述。第二是分支线条的颜色。在思维导图里，分支的颜色代表了分类，要想做到逻辑清晰、分类清楚，各个分支的颜色最好能够对比分明，而且相邻的分支最好是冷色、暖色相间。第三是关键词的颜色，要和该关键词所在的分支颜色一致。第四是插图的颜色，要和该插图所在的分支颜色撞色。

结构

思维导图讲求结构均衡、布局合理。在绘图之初，需要先在头脑中打一个底稿，让自己清楚地知道针对这一中心主题，需要有几个一级分支，每一个分支后面大概有几个层级。思维导图中一般不会出现垂直的线条，因为垂直的线条不利于阅读。要想保证线条平行于纸面，我们在绘制思维导图的时候最好纸不动身不动，这样就不会出现有垂直线条的情况了。

附录 I

学员作品点评

思维导图在教学中的应用

课前准备

座谈

教学导板

应用

教学后记

写对评量

作者：王希

2018. 5. 25

英国博赞思维导图管理师双证班·哈尔滨站

王希作品

🌵作品介绍

我是一名大学的品德教育老师。思想政治理论课是我的主讲课程，这幅思维导图记录了我做这门课程的过程：课前准备—教学步骤—学习评量—教学后记。

在我的教学设计里，我希望教学的形式能够丰富多样，以更好地激发学生的参与感。在中心图里，我绘制了讲解、小组讨论以及用思维导图授课的场景。我希望能够通过图形的方式，让学生更好地理解知识内容，思维导图正好能够满足我的这个想法。我在中心图的设计上标有1、2、3，第一步讲解，第二步让学生讨论，第三步请学生用思维导图的形式做呈现。

在分支内容上，"课前准备"分为老师的角度和学生的角度，相应准备不同的内容。在这里，我用一些小图标把重点部分标注出来，比如在"教学目标"这里用了一个箭靶。

在"教学步骤"上，有三个二级分支，分别用了钟表的形式来呈现先后顺序，让人一目了然。

在"学习评量"上，兼顾课程满意度、课程对学生行为的改变两方面。

最后，一门课程结束，我也会做复盘和反思，分析哪些部分还可以做得更好，学生的表现还可以怎样进一步改善，以更好地完成教学目标，这些都呈现在"教学后记"里。

通过思维导图的整理，我对这门课的流程和关键节点有了更好的把握。当我把这幅思维导图在我们的教师交流大会上展示出来的时候，学校领导和同事给予了我极大的肯定与鼓励。思维导图让大家更好地理解了我的教学设计，也能够让我的课堂充满欢声笑语，让学生收获满满。我特别喜欢思维导图这种备课形式。

🌵任洁老师点评

这幅作品是王希老师刚刚学习完思维导图之后的习作。整幅作品脉络清晰，关键词准确，思路流畅，考虑周全，中心图和插图也运用得非常好。尤其是中心图，还可以看到故事情节。

从思维导图的绘制规则上看，这幅图有几个值得一提的优点：

第一，中心图在中心位置，整幅图布局均衡。

第二，在色彩的运用和选择上，做到了冷色和暖色相间。

第三，各分支颜色都不相同，一目了然。

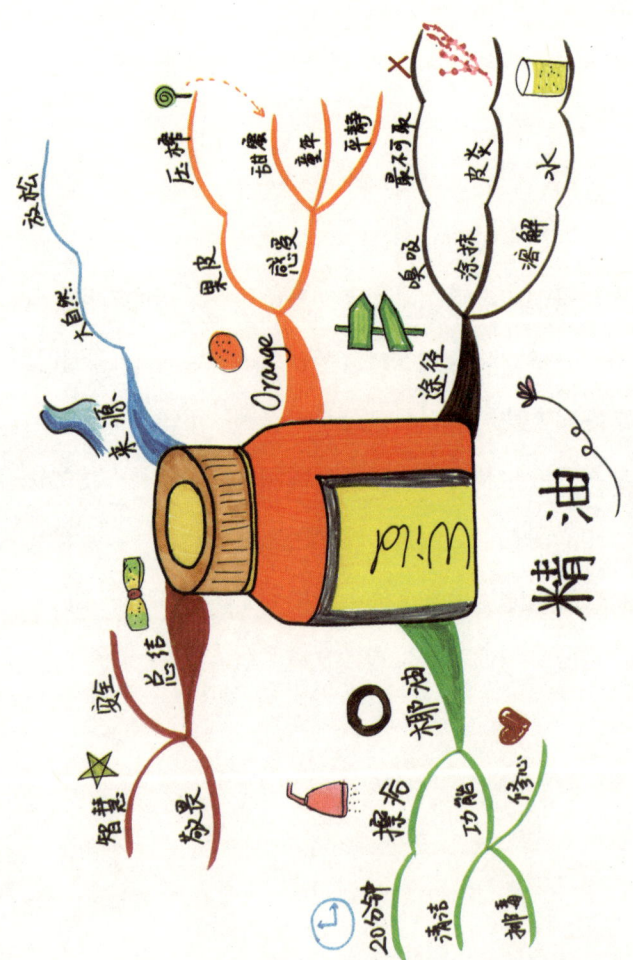

英国博赞思维导图管理师双证班·北京站
段红作品

🌵作品介绍

我是一名精油的爱好者和受益者。自从几年前接触了精油，我发现精油对身体的好处有很多，所以，我推荐身边的朋友都来使用精油。自从向任洁老师学习了思维导图之后，我深深地喜欢上了思维导图这个工具。现在，我把思维导图和精油介绍做了一个结合。当我再给身边的小伙伴讲解精油的作用时，就可以用思维导图的形式，把与精油相关的种种说得清清楚楚、明明白白，大家也非常喜欢这样的形式。

这幅作品的内容是对一款精油进行一个简单的介绍，从来源、成分、途径、椰油及总结这几个方面，向大家介绍了一款基础精油。首先精油来自大自然，无毒无害无污染，可以让我们的身体得到最大程度的放松。甜橙精油来自橙子的果皮，它的气味能够让人感受到甜蜜、平静。使用的时候可以通过嗅吸的形式，也可以通过涂抹的形式，在洗澡的时候还可以把它加到浴液里，能起到清洁和排毒的作用。最后，精油是安全、让人放心的。

就这样，我把需要推荐的不同款精油分别用思维导图的形式表现出来，大家在听我讲解的时候就一目了然了，也不容易混淆。虽然每款精油的瓶子看起来都很像，但思维导图能够很好地把它们做出区分，不同的图形和色彩能够把不同精油的特点凸显出来。

🌵任洁老师点评

　　段红老师是一位使用精油的高手。她用思维导图的形式向我们讲解精油，也让我们更多地了解了精油的丰富多彩。

　　从思维导图的绘制规则来看，这幅图画面构图和谐，关键词基本都是两三个字，看起来一目了然。

　　这幅图有一个比较大的问题，它一共有五个一级分支，关键词分别是"来源""orange""途径""椰油"和"总结"。这几个关键词是并列关系吗？显然不是。如果换成"来源""成分""途径""用途""收益"，是不是会更好一些呢？我们在思维导图关键词的选取上，一定要遵循逻辑关系，同一层级是并列或序列关系，上下层级是递进、解释、说明关系。当我们完成一幅思维导图的时候，要先检查一下，看看这幅图关键词的逻辑关系是否合理。

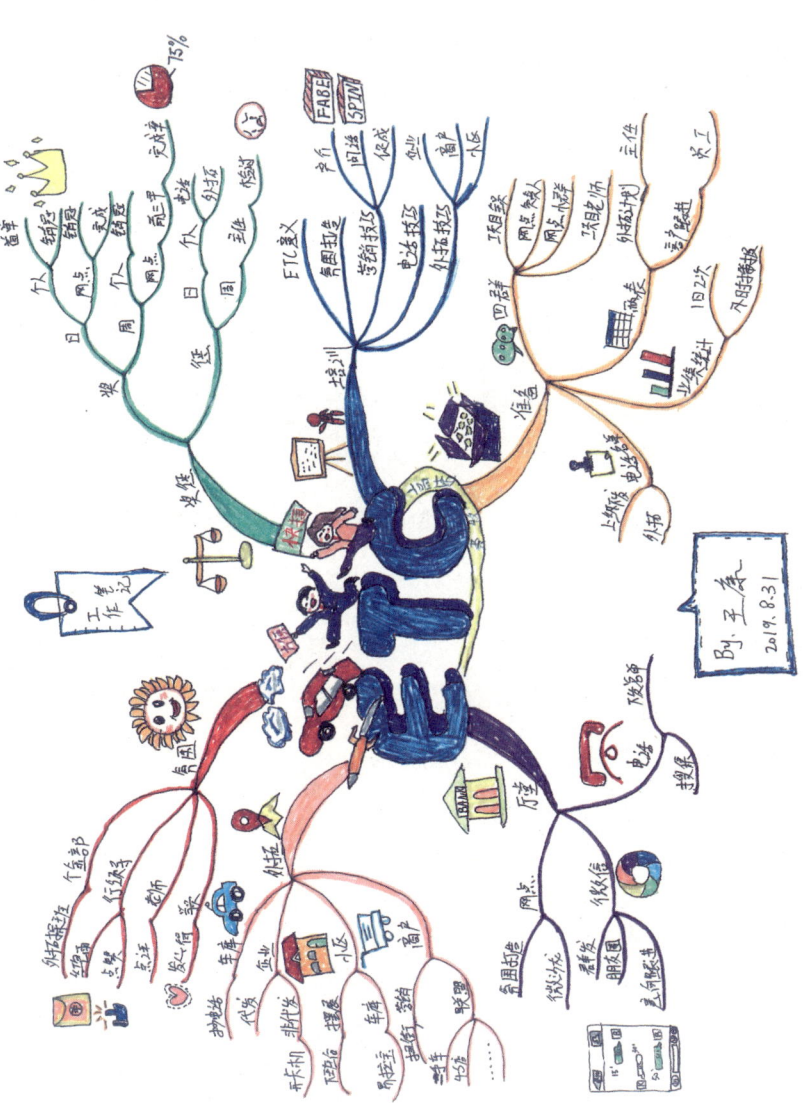

英国博赞思维导图管理师双证班·太原站

王康作品

✿作品介绍

这是我设计一个ETC营销项目的时候画的一幅图。这幅图讲的是，如何通过项目的操作方式去做ETC营销。我是从项目的奖惩、培训、前期准备、厅堂如何营销、外拓如何营销，以及如何在这个项目中制造氛围这几个角度来呈现的。

我给这六个一级分支各配了一个插图。"奖惩"配了天平，表示的是奖惩要公平。"培训"配了老师讲课的场景。"准备"配了一个塞满了东西的箱子，形容要提前做好准备。"厅堂"配了银行的图。"外拓"配了一个定位的地标，形容要外出。因为要营造特别阳光、特别向上的氛围，所以给"氛围"配了一个太阳的卡通图。

再说说几个有代表性的小图标。冠军用皇冠表示，完成率用饼状图表示，群组用微信图标表示，商户用购物车表示，红包雨和点赞都是时下流行的网络常见符号。

✿任洁老师点评

王康老师是一位专业的金融讲师，这幅图描述的是他在做的一个ETC的营销项目。这幅图的内容丰富完整，一共有六个一级分支，每一个分支之下的分类也很清楚。尤其是中心图，在ETC三个字母上面画了汽车，又画了两名举着字牌的银行员工，一个字牌上

写着"方便"，一个字牌上写着"快捷"，突出了国家提倡使用
ETC的原因。围绕着ETC的还有一条黄色的高速公路，这也是ETC设
置的一个地点。不管是从飞驰的汽车上，还是从火箭上，我们都可
以很形象地感受到使用ETC的高效，很好地把通感这个要素融入中
心图里了。

　　王康老师在做作品的讲解和阐述的时候，把每一个具体的做法
都讲到了。思维导图的可视化呈现，再配上创作者细致的讲解，能
够让受众很好地理解，并且加强记忆。

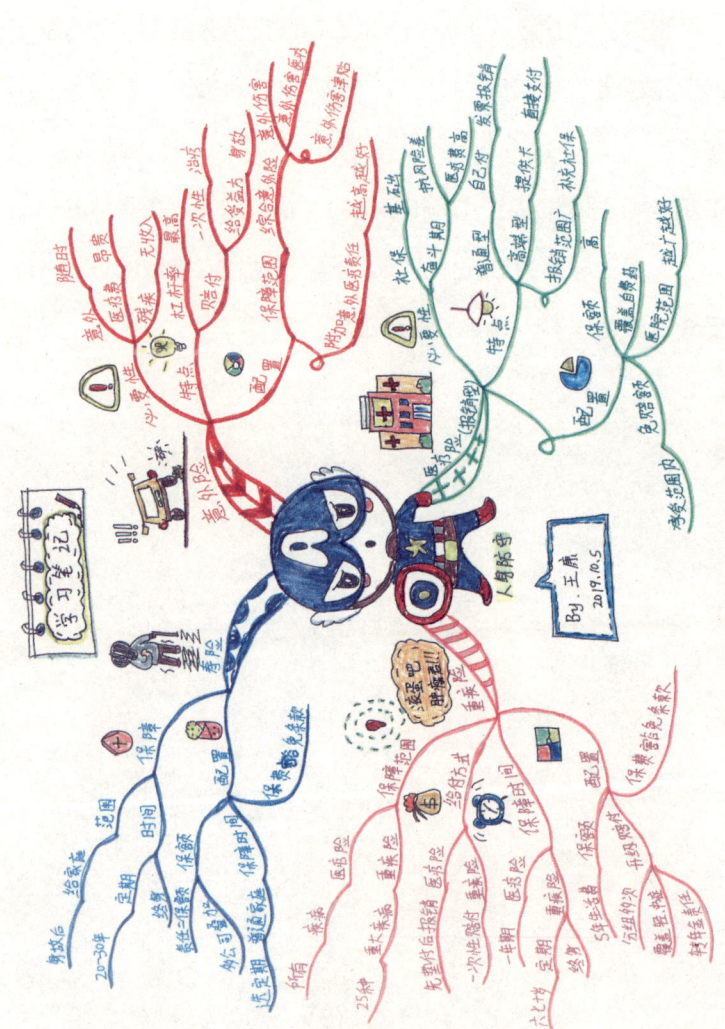

英国博赞思维导图管理师双证班·太原站
王康作品

🌵作品介绍

这幅思维导图是一个保险课程的笔记——人身防守，即做人身防守的时候应该买哪些保险。中心图画了美国队长，传达保护的是人这个意思。一级分支分了四种保险类型——意外险、医疗险、重疾险、寿险，分别配上了切题的插图。

除了一级分支以图会意外，在二级分支上我也尽量配上插图来表示。而且在前三级分支上套用了任老师课上讲到的模型，让整个逻辑更清晰了。

🌵任洁老师点评

王康老师通过一幅优秀的思维导图，很好地为我们普及了人身防守方面的保险知识，通过对四个险种的介绍，我们更加全面地了解了人身防守的内容。

在第一个一级分支和第二个一级分支，即意外险和医疗险上，二级分支的模型是一样的，都分为必要性、特点和配置三点，而第三、第四个一级分支发生了变化。从人的惯性思维的角度考虑，如果第三、第四个一级分支的二级分支也套用前面的分类模式，会不会让读者更好接受和理解呢？

例如在第三个一级分支上，我们把二级分支分成必要性、特点和配置，在必要性里，我们可以把保障范围的内容放进去，在特点里，可以把给付方式和保障时间放进去。同时，给付方式和保障时间中都分别列出了重疾险与医疗险的特点对比，因此我们可以做一个合并同类项的动作。比如，二级分支是特点，三级分支分为医疗险和重疾险，四级分支分为给付方式和保障时间，既集中呈现了险种的特点，又让两者的比较一目了然。

同样道理也适用于最后一个分支寿险。相信通过这样的调整，王康老师的这幅作品会更加完美。

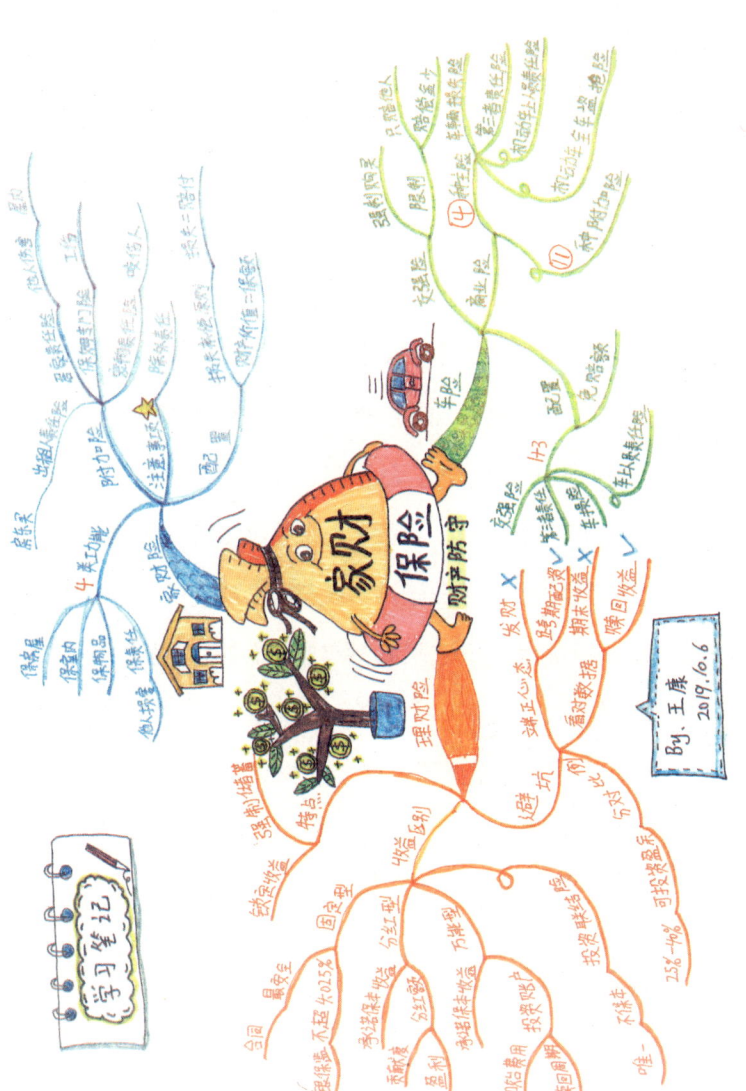

🌵作品介绍

　　这幅作品是我关于保险课程的学习笔记，它的主题是家财保险，即如何保护家庭财产。它有三个分支：家财险、车险、理财险。

　　第一个分支是家财险，标的主要是房屋，所以我在一级分支那儿画了一个房子。这个险种有四类功能，即保房屋、保室内、保家里的物品，以及非家庭成员在这个家中受损时相应的保障。除了这四类基本功能，还单列了几种附加险。在购买这一险种的过程中有一些注意事项，即所谓的除外责任，就是出了这种情况不予赔付，这是很多人都容易忽略的点，所以我画了一个星星来提示重点。

　　第二个分支是车险，我画了一辆汽车。车险分成交强险和商业险。交强险是强制购买的，有一定限制；商业险有四种主险和十一种附加险。车险还有一个配置原则，也单列出来。

　　第三个分支是理财险，我画了一棵金钱树。三个分支分别是特点、收益区别和如何避坑，各自详细的内容又放到了下一级分支中。

🌵任洁老师点评

　　在这幅图里，家财险、车险和理财险三个维度体现了家庭理财保险的三个方面，逻辑清晰，又配有丰富的插图。这幅图的中心图是一个套上保险圈的钱袋子，上面画了人的笑脸，巧妙地运用了卡通的形式。而且这个卡通的钱袋子还在行走，这种拟人化的方式让中心图更加活跃。三个一级分支也分别配有插图，如果这里能够把图形和一级分支的线条做一个艺术化处理，会让这幅思维导图更加精彩，比如家财险的一级分支线条可以用一栋高耸的大楼来表示，而非线条；车险这个分支的线条可以直接用小汽车的形式，理财险可以用一串铜钱代替线条。

在关键词的提取上，有一些关键词过长、字数过多。比如，车险的商业险中的四种主险中，有第三者责任险、机动车上人员责任险、机动车全车盗抢险等，都是专有名词，不太合适提取关键词，这时可以考虑用图片的形式表达出来，相信效果会更好。

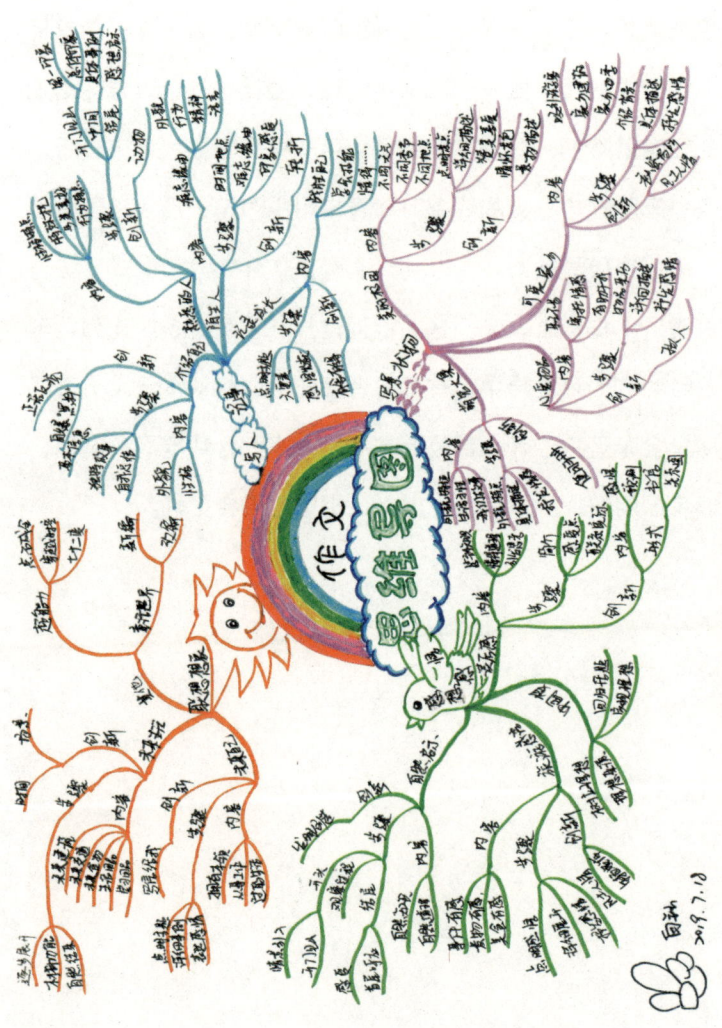

英国博赞思维导图管理师双证班·哈尔滨站

白钰作品

🌵作品介绍

这是关于写作文的思维导图。有的学生写作文困难，主要是没有架构，所以我整理了这样一幅思维导图，其中包括学生可能遇到的作文类型：写人记事、写景状物、感想感悟、联想想象。每个类型都按可能的作文题目分类，例如写人记事中可以介绍自己，写熟悉的人、陌生人，记录自己的成长等。每一类型都包括一般的内容有什么、写作步骤是怎样的、如何进行创新三点。

🌵任洁老师点评

指导孩子如何写作文的书很多，但是不少孩子很难一个字一个字地读下去，而且就算都读了，也不一定能应用得很好。白钰老师巧妙地用思维导图的形式把构思作文的精髓和重点都归纳出来了，清晰简要。

除了色彩斑斓的图形外，大家重点看梳理的逻辑顺序，每组三级分支都用到了"内容、步骤、创新"这个模型，非常棒。

英国博赞思维导图管理师双证班·哈尔滨站

白钰作品

🌵 作品介绍

这幅思维导图的主题是《朱子家训》，主要用于辅助孩子们理解其中内容。因为《朱子家训》内容比较散，而且互有穿插，不容易分类和记忆，所以我按照其所讲的道理进行分类。

《朱子家训》既是古文，又是儿童的启蒙教育书，因此我选择一个小孩作为中心图，又用了一些古代元素作为分支。治家是一件烦琐的事情，需要梳理很多方向，所以选择了一棵树（谐音"梳"）；伦常有固定的要求，所以选择了一卷古书；追求需要方向，所以选择了一盏灯笼；处事是需要一步一个脚印，所以选择了石板路上的石板。

《朱子家训》大致分治家、伦常、处事和人生应有的追求四个方面。

治家主要讲了如何管理家庭，分为勤谨管家、简朴持家和忠厚传家三方面，每个方面又讲解了具体的操作方法，比如想要勤谨管家，就要学会深思远虑，做好时间管理等。

伦常主要是教人重视亲情，告诉人们如何选择伴侣、如何对待兄弟等。处事教给人们为人处世的品德。追求主要讲了选择人生的志向、要注重修行、要学会感恩等。

🌵 任洁老师点评

白钰老师是一名咨询培训师。这幅作品是她给自己的宝宝讲《朱子家训》时绘制的。虽然讲的是治家、伦常、处事和追求这样的大方向、大道理，但落脚点都是很细致的品格，便于孩子理解。灵动的中心图和艺术化的分支是亮点。

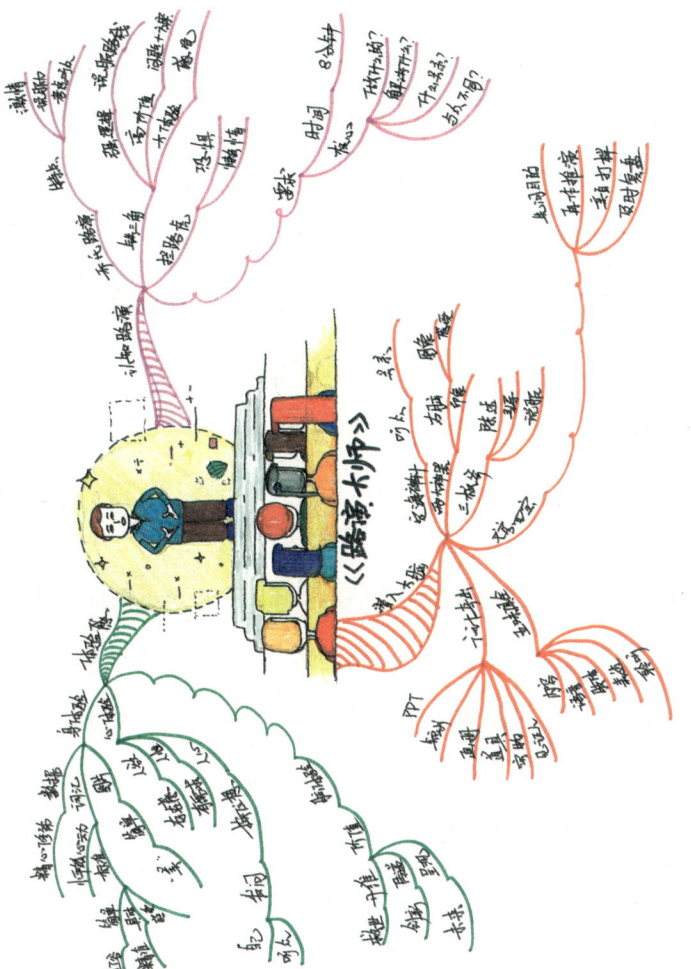

英国博赞思维导图管理师双证班·沈阳站

唐琪凯作品

☘作品介绍

我在做商业路演时，把关于如何做路演的一本书的内容拆解成了思维导图。我在看这本书时，觉得有很多东西没有记得很清晰，后来我就用思维导图的方式把核心点重新梳理了一下，由此我对书中知识的理解掌握程度有了很大提升。

在设计这幅图的过程中，我不想用书本的形象做中心图，为了增强画面感和场景感，我画了一个小人在中间，下面坐着两排听众。小人周围在发光，表示的是路演是一个高光时刻。

☘任洁老师点评

唐琪凯老师是专业的演讲和路演培训师。这幅思维导图的中心图很有故事性，高光时刻也非常有代表性。唐老师从专业角度用思维导图的方式解读了《路演大师》这本书的内容的各个维度，不但使自己对书中内容有了更深刻的理解，也对解读思维导图的我们有很多启发。这就是用思维导图传递信息的力量。

英国博赞思维导图管理师双证班·沈阳站

侯羽珊作品

❁作品介绍

　　随着移动互联网的高速发展，数字化营销已经成了零售行业不可或缺的销售模式之一。美妆行业具有天然的可展示性、产品多样性、消费易冲动性，更是在直播领域将其优势发挥得淋漓尽致。除了借助顶级流量的号召力，各品牌也在跑马圈地，争夺这块极速增长的阵地。培养自己的中坚力量，在没有大咖引流的情况下让各个时段主播无缝对接，使直播标准化、流程化，成了自有美妆品牌在直播领域的探索之路。

　　这幅思维导图旨在引导初次涉猎美妆直播领域的人，帮助他们从初期准备到现场直播，再到最后总结有个全景的认知。万事开头难，很多人第一次直播，不知道如何面对镜头，所以前期的设备调试很重要。恰当的距离、布景和镜头感都是增进消费者好感度的因素，而不仅仅是靠美颜和滤镜。

　　如何吸引消费者停留在你的直播间？这要求主播对推荐的产品有足够的了解。同时，对活动的宣导要简洁明了，设置的玩法尽量简单有趣，对销售结果有导向性引流。

　　直播不是凭一己之力就可以完成的事情，需要多方配合、团队协作。随着电商直播效益的凸显，涉足的品牌与人群也在成倍增加。任何事情只有做到足够专、精，才能脱颖而出。

🌵任洁老师点评

　　这幅思维导图风格清新，线条流畅明快，让人赏心悦目。中心图是一个电脑屏幕，屏幕里有一个美妆主播，屏幕前面放着很多化妆品，很清晰地点明了主题。三个分支按照流程做分布，从前期准备、现场进行到结束以后的总结，逻辑是很清晰的。图中的一些插图的运用也非常恰当。

　　这幅思维导图也存在一些可以提高的方面。比如第一个分支二级层级的第二个分支"调试"里的三个部分——物品摆放、距离位置、灯光亮度，其实都可以各分为两部分——物品、摆放、距离、位置、灯光、亮度，这样做具有更大的思考空间。

　　从现有阐述来看，我们只知道需要注意距离、亮度，但具体什么距离是合适的、什么亮度是合适的，并没有很明确地阐述出来，这部分还可以加强。

垃圾分类

英国博赞思维导图管理师双证班·哈尔滨站
王希作品

🌵作品介绍

　　这是一幅关于垃圾分类的思维导图，用图形直观地呈现了垃圾分类的规则。

　　中心图的每一个垃圾桶都做了拟人化处理，每一个小人都用手来拥抱这些垃圾，表达了希望人们把垃圾准确投入相应垃圾桶的意思。每一个垃圾桶上面的小图标就代表这个垃圾桶的类别，物品也都是日常常见的，比如可回收物包括纸、钉子，有害垃圾包括灯泡、电池，湿垃圾包括香蕉皮、鱼刺，等等。

　　每一个分支也对应了垃圾桶的颜色，让人一目了然。我觉得比较有特色的一个地方，是大骨头和小骨头分别对应干垃圾和湿垃圾，它们中间连接了一条曲线，起到了突出提示的作用。可回收物的金属和有害垃圾的重金属那里，也做了这样的连接处理。

　　这幅思维导图还有一个亮点，就是左下角的小猪佩奇。有人对垃圾分类总结了一个简单的规则：猪不能吃的是干垃圾，猪可以吃的是湿垃圾，猪吃了会死的是有害垃圾，把垃圾卖了可以买猪的是可回收物。于是我在湿垃圾这里画了小猪做提示，小猪可以吃的就是湿垃圾。

🌵任洁老师点评

　　王希老师的这幅图是一幅热点解析思维导图，用以图会意的方法来诠释垃圾分类的规则，非常好地利用了思维导图的可视化特点和增强记忆的作用。

　　整幅图色彩明快，颜色与含义相对应，图标与表意相匹配，内容上也非常严谨和全面，是一幅优秀的热点解析导图。尤其添加了小猪的形象，进一步完善了分类规则，这一做法值得借鉴。

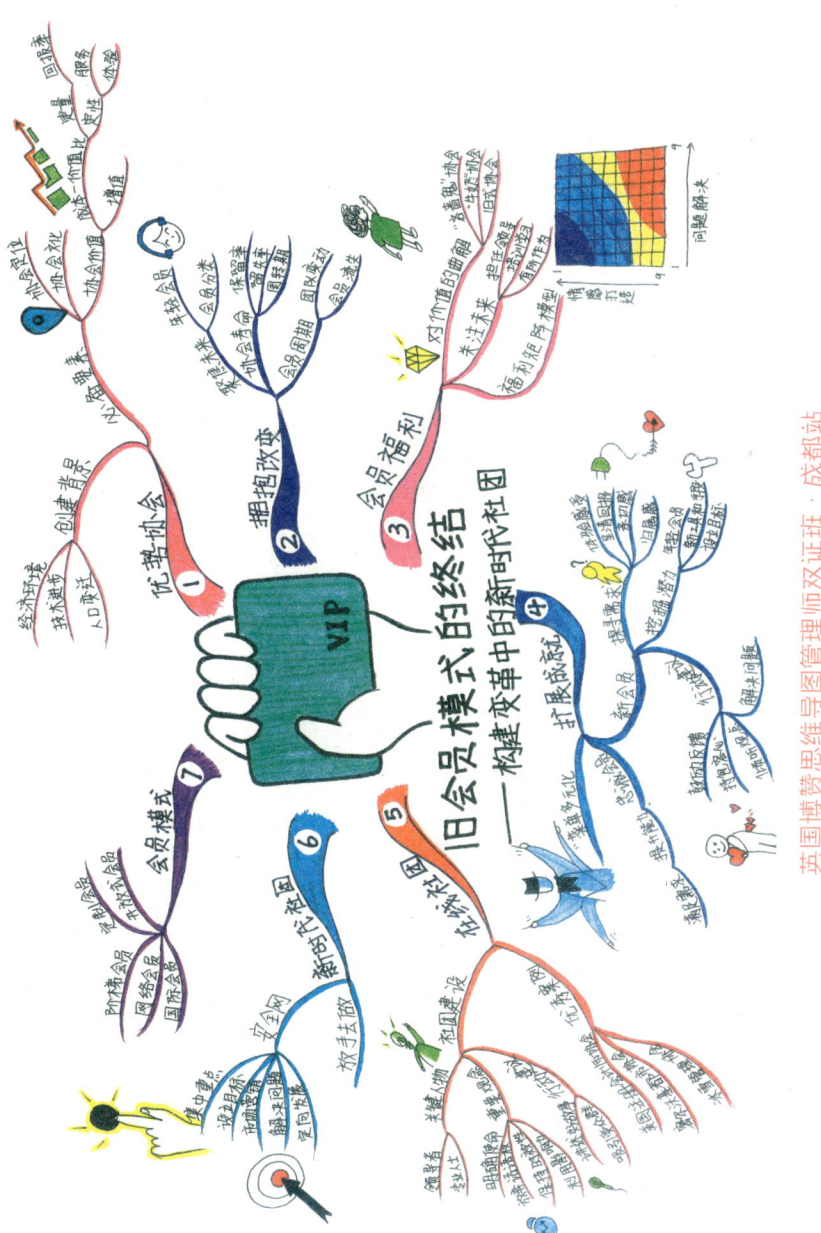

旧会员模式的终结
——构建变革中的新时代社团

英国博赞思维导图管理师双证班·成都站
李黎作品

🌵作品介绍

这是一本书的阅读笔记思维导图。

中心图表达了书的主题，鲜明突出。因为书的内容较多，而绘制的思维导图分支不能超过七个，否则就失去了分类的意义，所以我在内容上做了提炼。

这幅图有三个亮点。第一，序号放在了分支里，整洁、突出。第二，重要内容用相关插图加注，能够吸引注意力，加深理解。在分享的时候，插图起到了很大的提示作用。第三，分支布局上有所创新。因为内容较多，我将同一方向放不下的内容，往空白处进行折反，使呈现的效果完整、清晰。

🌵任洁老师点评

李黎老师的这幅作品整体风格清新自然，让人赏心悦目。仔细阅读，内容也饱满有序。中心图紧扣主题，并用主标题和副标题结合的方式来阐述中心主题。如果可以让文字与图片结合得更加自然和谐就更好了。

各个分支的配色冷暖相间，一级分支上标上了数字序号，让排列关系更明显。唯一不足的是分支没有和中心图连接，不符合绘制规则。

另外，个别关键词过长，建议进一步提炼总结。

新手必备：
思维导图实训手册

目　录

一、思维导图绘制方法

思维导图的绘制方法可以归纳为五步速成法。

第一步：绘制中心图（确定主题）。

第二步：由中心拓展出主干（不多于七个），并在主干上添加关键词（一词一线）。

第三步，由主干拓展出分支，并可根据内容无限延伸，添加关键词（名词、动词）。

第四步，涂色，每个模块（主干＋分支）同一种颜色，相邻模块用冷暖色、对比色做区分。

第五步，添加小图标（插图、代码、符号等），表示想要强调的重点或抽象（难以用简洁语言表达）的内容。

3. 绘制分支，添加关键词

2. 绘制主干　　　　　　　　　　4. 涂色

1. 绘制中心图　　　　　　　　　　5. 添加小图标

二、思维导图绘制规则

1. 中心图

中心图的作用是点明主题，位置占据整个横向纸张的1/9。中心图给人的第一印象一定是图文并茂的，颜色最好要用红、黄、蓝三原色。

2. 线条

主干常用牛角状，分支常用树枝状。线条的作用是承载关键词，同一模块的线条用同一种颜色。

3.关键词

关键词不宜超过四个字，一般用名词或动词。关键词要在线条上，遵循"一线一词"和"词长等于线长"的原则。关键词的颜色有两种选择，一种是全黑，另一种是与分支同色。关键词的字号大小可根据不同语言来设置，如是中文，主干的关键词字号较大，分支字号较小；如是英文，可以从所有字母大写到首字母大写，再到全部字母小写。

4.图像（插图、代码、符号等）

图像要与关键词相邻，并且保持在线上。使用图像的原则就是突出重点，提示易忘内容和关键信息，表达难以用简洁语言表达的抽象内容。图像的颜色不多于三色，且要与所在模块撞色。

5.颜色

颜色要用对比色，比如红配绿、橙配蓝、黄配紫。线条的颜色也要遵守"一线一色"的原则。

6.结构

纸张横放，整个思维导图看上去呈放射状。图中蕴含的关系总的来说分四种：总分、并列、递进、因果。

三、思维导图常用小·图标

以下是思维导图常用的一些小图标。

白板	包子	报纸	爆炸贴	奔跑·前进
便利贴	表达·陈述	表扬·点赞	不满·反对	冰激凌
饼状图	博士帽·毕业	冰棍	彩虹·幸运	厕所标志
茶杯	超人·超能力	橙汁	翅膀·梦想	出租车

磁铁　　大脑　　大象　　弹簧线　　道路·历程

点灯　　电话　　电量　　电视机　　吊车

对话框　　帆船　　放映　　愤怒·生气　　负重·负担

钢琴　　高铁　　宠物　　挂牌　　柜子

果树　　猴子　　蝴蝶　　蝴蝶结　　滑板

环球　　工具　　货车　　机器人　　积木

基因　　剪刀　　简历　　箭头　　箭头

箭头　　箭头　　箭头　　箭头　　箭头

箭头	箭头	箭头	箭头	箭头
箭头	奖牌	调料	交通灯	禁烟
举重·加油	举重·压力	卷宗	开心·笑脸	看·观察
筷子	老虎	礼帽	灵魂	流汗·无奈
流泪·伤心	路标	路标	路牌	蚂蚁
麦当劳	美元	面包	魔法棒·魔力	奶瓶
溺水·救命	牛奶	欧元	胖大星	伤心·哭泣
瓢虫	扑克牌	企鹅	倾诉·表达	倾听

热狗	人际关系	人民币	日历	沙发
山水	瓷杯	生日蛋糕	书包	书架
束缚·捆住	水桶	思考·想象	四叶草·幸运	锁头
台灯	汤	体重计	条幅	调色盘
停业牌	停止牌	外星人	外星人	危险
威武	文件	问好牌	问讯处	蜗牛
蜗牛	无奈·叹气	五线谱·音乐	洗衣机	限速
铰链	铰链	铰链	香水	想法·创新

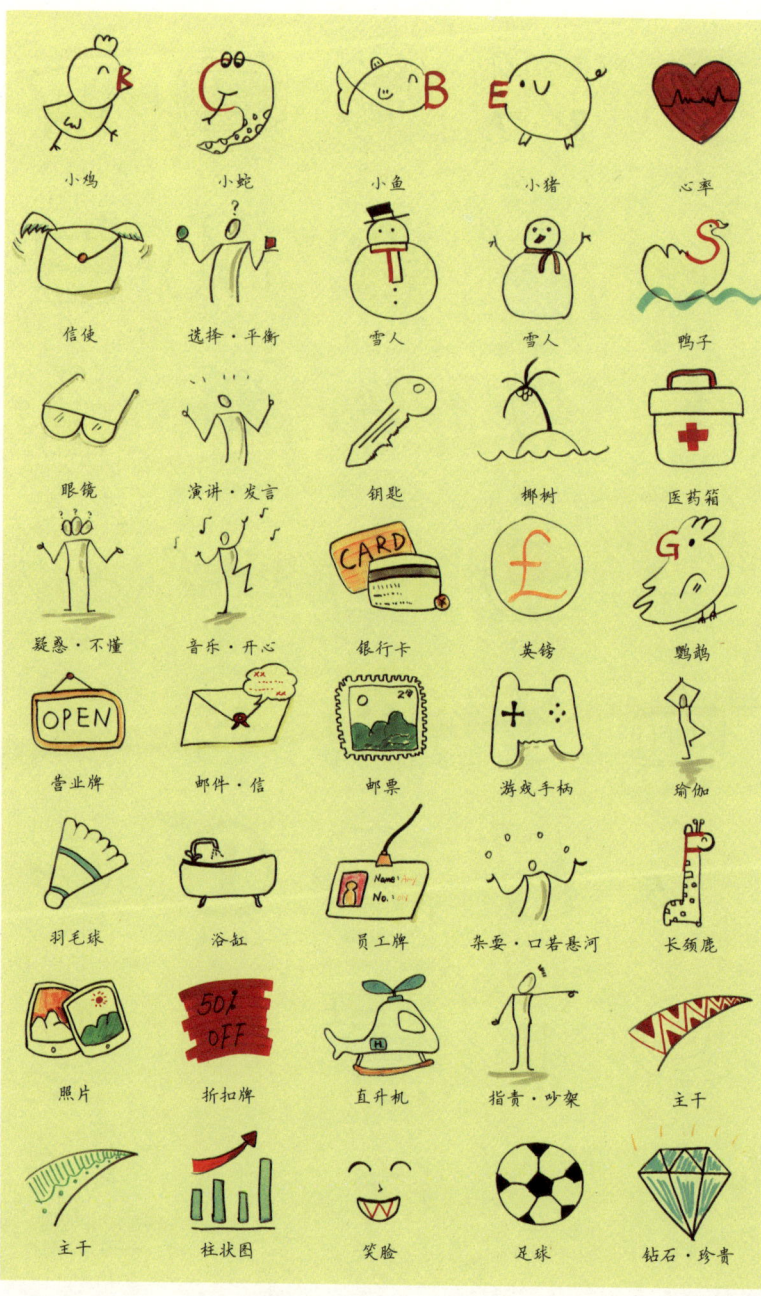

小鸡	小蛇	小鱼	小猪	心率
信使	选择·平衡	雪人	雪人	鸭子
眼镜	演讲·发言	钥匙	椰树	医药箱
疑惑·不懂	音乐·开心	银行卡	英镑	鹦鹉
营业牌	邮件·信	邮票	游戏手柄	瑜伽
羽毛球	浴缸	员工牌	杂耍·口若悬河	长颈鹿
照片	折扣牌	直升机	指责·吵架	主干
主干	柱状图	笑脸	足球	钻石·珍贵

障碍	针筒	蜘蛛网	中标	嘴唇
U盘	爱心	宝藏	鼻子	匕首
冰山	彩带	叉子	插头	茶壶
铲土	秤	尺子	床	大脑
刀子	导出箭头	道路	灯塔	地球
地球信号	电脑	东方明珠	毒药	对话
对立箭头	发散箭头	发散箭头	鲨鱼·危险	帆船
房子	放大镜	飞机	飞跃	风车

感叹号	钢笔	公文包	钩子	购物
关系图	话筒	火柴	计时器	计算器
箭头时间	建筑	奖杯	降落伞	交叉箭头
金币	金钱	金字塔	进入箭头	镜子
油瓶	救生圈	卷尺	卷纸	咖啡
快递	垃圾桶	礼物	楼房	楼梯
漏斗	路灯	螺丝钉	马克笔	锚
灭火器	闹钟	闹钟	配合	拼图

旗子	气球	铅笔	潜水艇	墙刷
人造卫星	沙漏	生长	危险	书本
水漏	水龙头	水龙头	思考	梯子
体温计	天平	听诊器	舵	王冠
望远镜	湿/温度计	文件	问号	西餐具
洗手台	下雪	仙人掌	祥云	小花
小汽车	信封	药瓶	钥匙	雨伞

四、思维导图常用的逻辑关系

以下是思维导图的几种逻辑关系的画法。

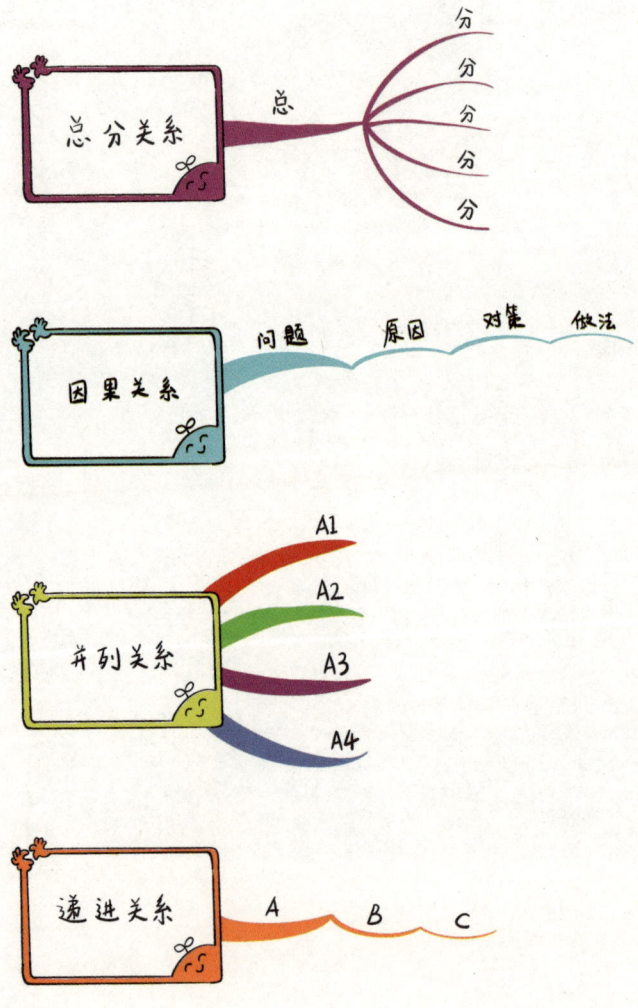

以下是易错画法，请注意分辨。

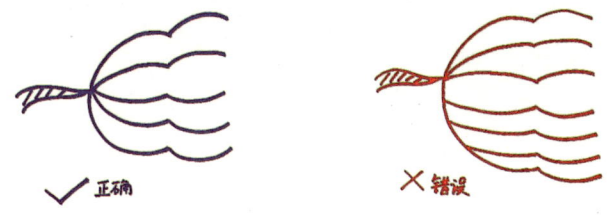

✔ 正确　　　✗ 错误

五、练习题

1. 提取关键词练习

对一篇文章提取关键词。

提示：可以采用以下五个步骤。

（1）通读：很快地浏览一遍，重点在于掌握文章的主要标题及文章结构；如果是书，就要先阅读目录、序言、后记及参考文献资料，看能否从中获得主要议题、概念。

（2）发问：以文章或书本的章节标题与5W2H法相结合，针对要学习的主题自行拟定问题。

（3）详读：通过详细阅读，找出问题的答案。

（4）抓重点：阅读时利用各种记忆技巧以帮助记忆重点，例如用不同颜色的荧光笔画重点，做口头复述或笔记摘要。

（5）复习：再次阅读所画的重点或整理的摘要笔记，试着提炼重点内容。

2.分类练习

（1）把下列水果分类。

（2）把下列体育运动项目分类。

3.垂直思考练习

请从"中奖啦"开始进行思维发散，依次填空。如果可以动手画出小图标就更好啦！

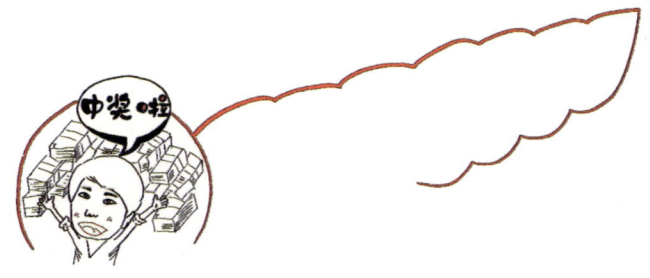

4.水平思考练习

请以"可乐瓶"为中心主题，把你所想到的与"可乐瓶"有关系的关键词，分别填入下图的线条上。

5.逻辑关系练习

请说出下面两段文字各自的逻辑关系。

（1）忽然想起采莲的事情来了。采莲是江南的旧俗，似乎很早就有，而六朝时为盛；从诗歌里可以约略知道。采莲的是少年的女子，她们是荡着小船，唱着艳歌去的。采莲人不用说很多，还有看采莲的人。那是一个热闹的季节，也是一个风流的季节。梁元帝《采莲赋》里说得好：于是妖童媛女，荡舟心许；鹢首徐回，兼传羽杯；棹将移而藻挂，船欲动而萍开。尔其纤腰束素，迁延顾步；夏始春余，叶嫩花初，恐沾裳而浅笑，畏倾船而敛裾。可见当时嬉游的光景了。这真是有趣的事，可惜我们现在早已无福消受了。

——朱自清

（2）原来人性含有两面：其一是男性的，其一是女性的；其一如苍鹰，如飞瀑，如怒马；其一如夜莺，如静池，如驯羊。所谓雄伟和秀美，所谓外向和内向，所谓戏剧型的和图画型的，所谓戴奥尼苏斯艺术和阿波罗艺术，所谓"金刚怒目，菩萨低眉"，所谓"静如处女，动如脱兔"，所谓"骏马秋风冀北，杏花春雨江南"，所谓"杨柳岸，晓风残月"和"大江东去"，一句话，姚姬传所谓的阳刚和阴柔，都无非是这两种气质的注脚。两者粗看若相反，实则乃相成。实际上每个人多多少少都兼有这两种气质，只是比例不同而已。

——余光中

6.绘制小图标练习

请画出以下含义的小图标：

家乡　特点　合作　运动　资源　进步　实践　项目　谈判　策划

六、模板

根据不同用途，绘制思维导图也可参照导图模板。

1.常用模板

2. 问题组合模板

3. 5W2H 模板

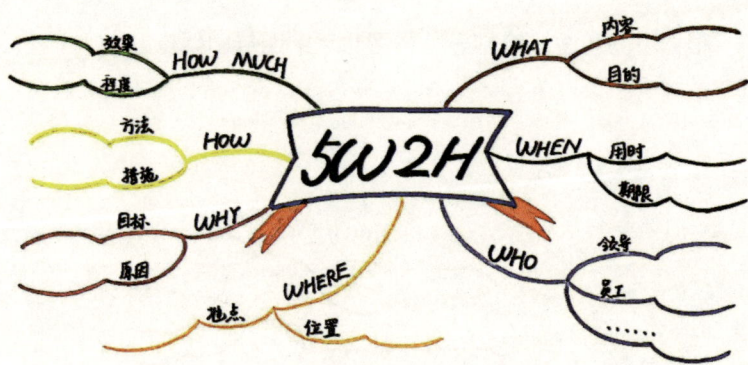

七、必备的绘制工具

绘制思维导图，应常备这样一些工具：

（1）彩笔与勾线笔。彩笔建议颜色鲜亮，油性记号笔为佳。

（2）马克笔专用本，或纸张稍厚一点的本子。

（3）建议新手家中常备临摹专用的硫酸纸。

附录 Ⅲ

思维导图评分标准（中英文版）

种类 CATEGORY	描述 DESCRIPTION	总分 MARK	注释 NOTES	得分 SCORE
中心图 （18分） CENTRAL IMAGE （18 points）	思维导图中心图是一幅有魅力且引人入胜的图像，不仅仅是文字 Mind Map centre is a captivating and engaging image, not just written word(s)	5	中心图可使用图像加词语，但不只使用词语 May use and image plus a word but not words alone	
	思维导图中心不被边界包围 Mind Map centre is not enclosed by a boundary	3	不是在一个框、圆圈、椭圆形、云形等里面的 Not in a box / circle / oval / cloud / etc.	
	图像是页面的中心部分 Images is central on the page	2	位于垂直和水平的中心 Centred vertically and horizontally	
	在中心图中至少使用三个色调 At least three tones are used in the central image	3	有颜色或者不同的阴影 Colours or varied shading	
	中心图大小合适 Central image is appropriate size	5	稍微小于拳头或者占页宽的1/9~1/8 Slightly smaller than a fist or approximately 1/9~1/8 of page width	
主干 （18分） BOIs （18 points）	主干多样且易于区分 BOI-Branches are varied and easily distinguished	3	各分支使用不同的颜色和样式 Different colour / pattern for each	
	在主干上使用的文本和图像是粗体和突出的 Text and Images used on BOIs are bold and outstanding	5	字体大且使用粗体，可以是不同的字体。可以配合词语的含义，例如，用草书风格写的"优雅" Lettering is large and bold maybe a different typeface. Can be appropriate to the meaning of the word. E.g.. "ELEGANT" written in cursive style	
	主干直接连接到中央图像 BOI-Branches are directly connected to the central image	5		
	主干有适当的曲线和渐细 BOI-Branches are appropriately curvilinear and tapering	5	系统的，像树枝一样 Organic, like tree branches	

（续表）

种类 CATEGORY	描述 DESCRIPTION	总分 MARK	注释 NOTES	得分 SCORE
分支与布局 （79分） BRANCHES & LAYOUT （79 points）	有效且以记忆为目标的关键词选择（每个选择不当的单词扣除1分） Impactful and memory targeted choice of keywords (1 point deducted per poorly chosen word)	10	通常名词或动词，避免使用形容词、副词和连词 Usually nouns or verbs, avoid adjectives, adverbs and conjunctions	
	主分支和次分支上注意概念的逻辑层次分类 Logical hierarchical classification of concepts used on parent and child branches	5	更大、更有概括性的类别应更加接近中心，更小、更具体的类别应在外围 Larger, more general categories nearer the centre, smaller or specific categories on the periphery	
	所有单词都放在分支上，每个分支上放一个单词(每个分离于分支的单词扣1分） All words are placed on branches, one word each (1 point deducted for each phrase or floating dissociated word)	10	这包括名称、地点或其他一般相关的多词概念 This included names, places or other usually associated multi-word concepts	
	幽默：视觉双关语或者游戏性的使用 Humour: Use of visual puns or playfulnes	3		
	所有图像位于分支上（每个分离于分支的图像扣1分） All images are placed on branches (1 point deduced for each floating dissociated image)	10		
	通感的运用 Use of synesthesia	3	唤起或融合感官的文字或图像 Words or images that evoke or blend senses	
	所有分支都是端到端连接的 All branches are connected end to end	3	不断开或者沿着分支部分连接在一起 Not disconnected or joined a partial way along a branch	

（续表）

种类 CATEGORY	描述 DESCRIPTION	总分 MARK	注释 NOTES	得分 SCORE
	分支长度等于放在其上的图像或单词的长度 Branch length is equal to the image or word placed on it	3	不太长或太短的分支 Not overly long or short branches	
	使用代码/箭头/颜色编码显示关系 Relationships are shown by codes/arrows/colour coding	5	包括图标 Includes icons	
	分支是适当的曲线 Branches are appropriately curvilinear	5	没有直的或有角的分支，分支充分利用空间 No straight or angular branches. Branches make good use of space	
	思维导图中至少有10个图像或者符号 The Mind Map has at least 10 images and/or symbols	10		
	逻辑顺序的使用 Use of logical order	3	数字、字母或符号的使用 Use of numbers, letters or symbols	
	可以很容易区分每个分支及其辐射子分支为独立的分支 Each branch and its radiant child branches can be easily discriminated as unique	5	例如：使用共同的颜色 e.g.. by sharing a common colour	
	适当使用暖色和冷色 Appropriate use of warm and cold colours	1	相邻的分支在颜色上应该有很大差别 Adjacent sets of branches should significantly differ in colour	
	突出重点，主次分明 Mind Map uses von Restorffian elements	3	例如：使用高光标记和图案 e.g.. highlights and patterns	

（续表）

种类 CATEGORY	描述 DESCRIPTION	总分 MARK	注释 NOTES	得分 SCORE
总体 （35分） WHOLE PICTURE （35 points）	思维导图填充整个页面并包含足够的留白 Mind Map fills the whole page and incorporates sufficient negative space	10	各分支不拥挤，优雅地利用空间 Branches are uncrowned and make elegant use of space	
	整体思维导图的美和吸引力 Beauty and attractiveness of the Mind Map as a whole	10		
	整体有效性 Overall Effectiveness	15	影响和"哇"因素——高级裁判评价 Impact and "wow factor" — senior arbiter's evaluation	
信息 （10分） INFORMA- TION （10 points）	信息的准确性和完整性 Accuracy and completeness of information	10	针对演讲和笔记 Lecture and notes from text disciplines only	
创意 （10分） CREATIVITY （10 points）	具有独创性 Originality	10	针对自由创作 Free style discipline only	
总分 TOTAL		170	总得分 TOTAL	

致 谢 名 单

思维导图发明人　托尼·博赞（Tony Buzan）

世界记忆运动理事会全球主席　雷蒙德·基恩（Raymond Keene）

世界思维导图锦标赛全球首席裁判长　菲尔·钱伯斯（Phil Chambers）

世界思维导图亚太组委会中国区主席　梅艳艳

第八届世界思维导图锦标赛世界总冠军，第九届、第十届世界思维导图锦标赛中国区总教练　刘艳

第十届世界思维导图锦标赛世界总冠军，第十一届世界思维导图锦标赛中国区总教练　赵巍

第十一届世界思维导图锦标赛世界总冠军　王鲲

提供作品鉴赏的优秀学员：王希、王康、白钰、唐琪凯、李黎、侯羽珊、段红（排名不分先后）

特别感谢：王希、李银郡

参 考 文 献

1.［英］东尼·博赞，巴利·博赞. 思维导图［M］. 叶刚，译. 北京：中信出版社，2009.

2.［英］爱德华·德博诺. 六项思考帽：如何简单而高效地思考［M］. 马睿，译. 北京：中信出版社，2016.

3.［英］爱德华·德博诺. 水平思考：一种解决问题和激发创意的思考技巧［M］. 卜煜婷，译. 北京：化学工业出版社，2017.

4.［日］下地宽也. 逻辑思维，只要五步［M］. 朱荟，译. 北京：北京联合出版公司，2017.

5.［英］芭芭拉·明托. 金字塔原理：思考、表达和解决问题的逻辑［M］. 汪洱，高愉，译. 海口：南海出版公司，2019.

6.［美］朱安妮塔·布朗，戴维·伊萨克. 世界咖啡：创造集体智慧的汇谈方法［M］. 汤素素，金沙浪，译. 北京：电子工业出版社，2019.